黄河三角洲盐碱地农业技术丛书

U0598716

黄河三角洲

绿色高效农业生产技术

主　编　燕海云　　王智华

编　者　李丽霞　　李　岩　　魏立兴　　宁　凯

　　　　范庆明　　陈小芳　　常尚连　　邵秋玲

　　　　刘如伦　　苗兴武　　唐少刚　　刘志国

　　　　刘　菁　　徐德芳　　袁　玲　　朱小乐

中国石油大学出版社
CHINA UNIVERSITY OF PETROLEUM PRESS

山东·青岛

图书在版编目(CIP)数据

黄河三角洲绿色高效农业生产技术/燕海云,王智
华主编. —青岛:中国石油大学出版社,2020.7(2023.2 重印)
(乡村振兴农业实用技术系列丛书)
ISBN 978-7-5636-6749-9

Ⅰ. ①黄… Ⅱ. ①燕… ②王… Ⅲ. ①黄河-三角洲
-绿色农业-农业技术 Ⅳ. ①S-0

中国版本图书馆 CIP 数据核字(2020)第 118501 号

书　　名:黄河三角洲绿色高效农业生产技术
HUANGHE SANJIAOZHOU LÜSE GAOXIAO NONGYE SHENGCHAN JISHU
主　　编:燕海云　王智华

责任编辑:郭月皎(电话　0532—86981980)
封面设计:乐道视觉

出 版 者:中国石油大学出版社
　　　　　(地址:山东省青岛市黄岛区长江西路 66 号　邮编:266580)
网　　址:http://cbs.upc.edu.cn
电子邮箱:yuejiaoguo@163.com
排 版 者:乐道视觉创意设计有限公司
印 刷 者:泰安市成辉印刷有限公司
发 行 者:中国石油大学出版社(电话　0532—86983437)
开　　本:710 mm×1 000 mm　1/16
印　　张:11.75
字　　数:143 千字
版 印 次:2020 年 7 月第 1 版　2023 年 2 月第 2 次印刷
书　　号:ISBN 978-7-5636-6749-9
定　　价:49.80 元

前言

　　党的十九大强调指出：农业农村农民问题是关系国计民生的根本性问题，必须始终把解决好"三农"问题作为全党工作重中之重。要实施乡村振兴战略，坚持农业农村优先发展，加快推进农业农村现代化；培养造就一支懂农业、爱农村、爱农民的"三农"工作队伍。习近平总书记在参加十三届全国人大一次会议山东代表团审议时指出：要发展现代农业，确保国家粮食安全，调整优化农业结构，加快构建现代农业产业体系、生产体系、经营体系，推进农业由增产导向转向提质导向，提高农业创新力、竞争力、全要素生产率，提高农业质量、效益、整体素质。

　　为深化习近平新时代社会主义思想和学习、宣传、贯彻党的十九大精神，更好地以科技支撑推动乡村振兴战略实施和现代农业发展，东营市农业科学研究院依托山东省重点研发项目——东营市科技支撑乡村产业振兴技术集成与示范应用，急群众所急、行群众所需，组织了一批有着丰富实践经验，工作在农业科研推广工作前沿阵地的专家、学者和科技工作者，编写了"乡村振兴农业实用技术"系列丛书。该系列丛书包括《黄河三角洲绿色高效农业生产技术》《滨海盐碱地杂粮作物及绿色高效生产技术》等。

　　《黄河三角洲绿色高效农业生产技术》一书紧密联系黄河三角洲地区农业生产实际，重点筛选确定了十几个方面的关键技术，包括土肥水管理、绿色高效种植、养殖技术等，内容丰富、科学实用、通俗易懂，是一本很好的农村科普读物，相信会对广大农业科技工作者和农民群众提供相应的指导和帮助。

　　由于作者水平有限，书中难免存在疏漏之处，敬请大家批评指正！

编者

2020 年 5 月

内容提要

　　本书立足黄河三角洲地区农业生产实际，系统介绍了滨海盐碱地改良、精准施肥、病虫害绿色防控，水稻、棉花、大豆、苜蓿、设施蔬菜及葡萄栽培种植，肉羊、海参、大闸蟹养殖及莲藕水生动物共养等 10 余项绿色高效、实用关键技术。

　　该书内容丰富、科学实用、通俗易懂，便于学习和操作，是一本很好的农村科普读物，期望能够成为广大农业科技工作者和农民群众的良师益友。

 # 滨海盐碱地改良技术

盐碱土是土壤含盐、碱、硝等有害盐类的低产土壤的统称,主要有盐碱土、盐渍土、盐渍化土壤。它实际上概括了土壤发生学分类中的盐土及盐化土壤、碱土及碱化土壤等各种土类。我国的盐碱土资源比较丰富,种类较多,盐碱土面积几乎占国土面积的1/3,占全世界盐碱土面积的1/10多,分布范围较广,环境条件复杂,覆盖了热带和寒温带、滨海和内陆、低地和高原等地区。我国盐碱土主要分布区域有6个,其中东部半湿润季风区的沿海滩涂地为滨海盐碱土区,面积约214万公顷,包括渤海、黄海和东海的1 800多千米的海岸沿线,黄河三角洲地区即属该区域。

东营市位于山东北部黄河三角洲地区,400多万亩未利用的土地均为滨海盐碱地土壤类型,大量的盐碱地对当地农业生产和生态环境造成了严重危害,盐碱土壤的改良利用更是迫在眉睫。多年来,东营人民从未停止过对盐碱地改良治理的探索和追寻,并在滨海盐碱地改良治理方面积累了丰富的经验。

第一节　滨海盐碱地概述

一、滨海盐碱地

滨海盐碱地是指受海潮直接或间接影响的土壤分布类型。该区地势平坦,海拔低,成土母质主要为河、湖、海相沉积物。海潮以淹没土地、海水倒灌、海水渗漏补给地下水方式影响土壤。地下水埋深浅(0.5～1.5 m),矿化度高(21～35 g/L,最高可达250 g/L),水化学组成以氯化物为主。距海越远,埋深越大,矿化度越低。土壤富含可溶性盐分,1 m土层含盐量在4 g/kg左右,高者可达20 g/kg左右。土壤属氯化物盐土,盐分组成以氯化物为主,氯离子约占阴离子总量的80%～90%,硫酸根约占阴离子总量的10%,重碳酸根约占阴离子总量的2%～10%。滨海盐碱土仍有面积广大的盐碱荒地尚待开发利用,而且面积还

在不断增加,如黄河入海口退海土地。

二、盐碱土的不良特征

盐碱土的土壤物理性状不良,其特征表现为"瘦、板、生、冷"。"瘦"即土壤肥力低,营养元素缺乏;"板"即土壤板结,容重高,透性差;"生"即土壤生物性差,微生物数量少且活性低;"冷"即地温偏低。

(一)瘦

"瘦"是盐碱土的不良肥力特征。有机质含量低,有效氮、磷养分奇缺。有机质是构成土壤有机矿质复合体的核心物质,也是土壤养分的储藏库,因此,土壤有机质数量反映出土壤的肥力水平。盐碱土土壤有机质含量低,速效磷短缺,氮磷比例失调,是盐碱土改良急需解决的问题。

(二)板

"板"是盐碱土的不良结构特征。盐碱土土壤容重一般为 $1.35 \sim 1.50$ g/cm^3,总孔隙度为 $45\% \sim 50\%$,甚至更低。土壤含盐量越大,尤其是钠离子含量越高,土壤透水、透气性越差。盐碱土的结构性差,毛管作用强,在旱季土壤蒸发量大,高于沃土 50% 以上,地下水的不断补给,使土壤上层大量积盐;而在灌后或雨季,土壤容易滞水饱和,不易疏干,常发生"渍涝"。

(三)生

"生"是盐碱土的不良生物特征。盐碱土对土壤微生物的影响主要有两个方面,一是土壤中的盐类物质对微生物产生抑制和毒害作用;二是盐碱土的土壤有机质含量一般较低,植物生长受到抑制,有机物质归还量少,致使微生物的能源物质贫乏,造成土壤微生物数量少、活性低。

(四)冷

"冷"是盐碱土的不良热量特征之一。盐碱土由于含有过高的盐分,土壤吸湿性较强,造成地温偏低,春季地温上升缓慢。据测定,春季 3 月初至 5 月中旬,播种层 5 cm 处地温,盐碱土比非盐碱土偏低 1 ℃左右,多者可相差 2 ℃。其稳定在 12 ℃以上的日期,要比非盐碱地滞后 10 天左右,而秋后播种冬小麦的出苗时间晚 3～7 天。针对盐碱土的这种不良热量特征,一般春播要稍晚一些,而夏播和秋播要早一些。同时,偏低的地温不利于土壤微生物的活动和土壤养分转化,影响作物的生长发育。

盐碱土的"瘦、板、生、冷",是指地瘦,结构不良,土壤紧实板结,通透性差。"板、生、冷"是"标","瘦"和"盐"是"本",因此脱盐和培肥是改善盐碱土不良性状的根本。在土壤脱盐后进行培肥,培肥土壤的主要任务是增加土壤有机质,其实质是增加土壤营养物质的储备。

三、盐碱对作物的危害

盐碱土的主要危害:首先,含有过多的可溶性盐分而影响作物成活和生长发育;其次,过量盐分导致许多不良土壤性状而使土壤肥力得不到发挥。当土壤含盐量超过千分之一时,对作物生长开始有抑制作用。可溶性盐中离子越易溶于水,其穿透作物细胞的能力越强,对作物的危害也就越重。几种常见可溶性盐类对作物危害的顺序是:$Na_2CO_3 > MgCl_2 > NaHCO_3 > CaCl_2 > NaCl > MgSO_4 > Na_2SO_4$。在可溶性钠盐中,硫酸钠对作物的危害最小,若以硫酸钠做标准,各种钠盐对植物危害程度的比例是 $Na_2CO_3 : NaHCO_3 : NaCl : Na_2SO_4 = 10 : 3 : 3 : 1$。碳酸钠的危害最大是由于碱的影响,一般认为 1 m 土层碳酸钠的含量不能超过十万分之五。可溶性盐类过多,影响作物吸水,只有在作物细胞液比土壤溶液的浓度大一倍左右时,才能源源不断地自土壤中吸收水分;反之,如果土壤溶液中可溶性盐类浓度过高,就会造成作物吸水困难,产生生理脱水而枯萎死亡,也就是生理干旱现象,同时也会影响作物对养分的吸收而破坏作物的矿质营养平衡。某些碱性盐类甚至直接腐蚀、毒害作物,抑制有益微生物对养分的有效转化。除了上述盐害外,还有碱害,这主要是土壤中代换性钠离子的存在,使土壤性质恶化,影响作物根系的呼吸和养分的吸收,碱性强的碳酸钠还能破坏作物根部的各种酶,影响植物新陈代谢,特别是对幼根和幼芽有强腐蚀作用。另外,碱性强的土壤,易使钙、锰、磷、铁等营养元素固定,不易为作物吸收。由于盐碱土中的盐类复杂,往往会产生盐害和碱害的双重危害。

第二节 滨海盐碱地改良技术

目前滨海盐碱地改良比较成熟的技术有:工程措施、排灌措施、培肥措施、耕作措施、生物措施、化学改良措施。其中工程措施有暗管改碱、盲管排盐、深沟台田等;排灌措施有开沟排水、井灌井排、淡水洗盐等;培肥措施有增施有机肥、秸秆还田、合理施用化肥等;耕作措施有平整土地、开沟躲盐、巧播避盐、地膜覆盖等；生物措施有选种耐盐作物、种植耐盐绿肥、植树造林等；化学改良措施有施用石膏或磷石膏等。

一、工程措施

（一）暗管排水工程

暗管排水是按照盐溶于水的基本原理，通过灌溉水或雨水来溶解土壤中的盐分而渗入埋在地下的暗管排走，使土壤脱盐。主要是利用专业大型成套机械设备在一定土壤深度埋置具有滤水微孔管暗管，实现挖沟、放管、敷料、埋管、平地等施工过程一次完成。该技术机械化和自动化程度高，排水、排盐碱效果明显，不妨碍农业机械化耕作，维护方便，应用广泛。

1. 暗管排水技术的优点

暗管改碱技术是相对于传统明沟排碱而言的。与传统明沟排碱技术相比，其在节地、节水，农田机械化耕作，快速改良盐碱土，提高耕地质量方面具有显著优势。

一是土壤脱盐快。排碱工程实施后，通过控制地下水位，抑制返盐，利用灌溉或降雨淋洗，在 1～2 年内使土壤迅速脱盐，从根本上解决了土壤的盐碱危害。

二是节约耕地。暗管改碱技术由于用深埋于地下的暗管代替明沟，基本不占用土地面积，土地损失率很少，与明沟相比，可多节约土地 10% 左右。

2. 暗管排水的难点和解决方式

暗管排水技术难点是暗管在使用过程中的清洗、维护问题。暗管在使用过程中细泥沙引起的堵塞，需要清洗机来清理，目前清洗机的清洗距离只有 300 m，对大于 300 m 的田块就需要安装检查井。检查井安在地下，使用时很难查找；安在地表，会对大面积机械化作业产生影响。另外，不同地区的土壤质地、含盐碱量、地下水位差异较大，暗管的间距、管径、外包滤料等各种技术参数的确定也是难点。

根据一些地方的经验，采取农田明沟暗管组合排水技术，具有排水效果好、能有效控制地下水位、节省土地和造价、减少维护费用等特点。它克服了单纯明沟排水占地多、易滑坡、养护难、治渍排盐效果差的缺点，也克服了竖井排水造价高、运行管理费用高和难度大的缺点，随着科学技术的发展和经济水平的提高，明沟和暗管组合排水技术将是农田排水技术的发展方向。

(二)盲沟改碱技术

盲沟是相对于明沟而言的,是暗藏于地下、看不见的沟。盲沟改碱技术,是在种植土的下部开沟,将沟内填上淋水物料,与淋水垫层、砂桩共同组成排水淋盐系统,土壤中的盐分通过灌溉或降水渗入盲沟,由盲沟排入排水沟渠,起到排水脱盐的目的。该法适用于城区道路两侧地下水位高、面积小的重度盐碱地,多用于园林绿化工程。具体做法如下:

(1)原土开挖。将原土深挖 1～1.2 m,堆放到一边,挖完后将开挖后的底部基面整平,机械压实。

(2)挖淋碱盲沟。在距排水沟渠 2 m 左右挖主盲沟,主盲沟宽 40 cm、深30 cm,盲沟要畅通,沟壁要整齐,每隔 100 m 左右设一排水出口,出口用直径100PVC 管为宜,通入排水沟渠;在垂直于主盲沟方向挖支盲沟,宽 30 cm、深20 cm,向水流方向按 0.5%～1% 坡降。

(3)盲沟内用渣石或石子填满,与槽底齐平。铺设淋水层,淋水层厚度以10 cm 为宜。选择干净无石沫的石屑,粒径以 0.5 cm 为宜,要保证淋水层的石屑与盲沟内渣石充分连接,以保证盲沟排水效果。

(4)回填原土前,在外围立铺防渗膜(1.2 m 宽塑料布),以防止周边的高矿化水渗入而影响排盐效果。

(5)回填土。为避免淋水层损坏,于底部先撒 20～30 cm 碎土层后,再进行大规模回填。在回填原土时可掺拌有机肥,以提高改良效果。

(6)打砂桩。原土回填后,打间距 1 m 左右的砂桩。可用直径 3～4 cm 的铁钎,垂直地面插入,插入深度以设计土深为准,全面连接淋层,在铁钎拔出前灌水,起到润滑作用,拔出后及时回灌粗沙,并捣实,防止砂桩有断层,保持与淋层的通透。砂桩完成后,用旋耕机对表层 8～10 cm 的土壤进行耕翻,破坏表层砂桩。

(7)灌水洗盐。一般经三次大水压盐后,土壤含盐量可降低到 3 g/kg 以下,pH 为 8.5 以下,可种植耐盐植物。

东营市按照“科学治碱、管护并重”的原则,在示范区道路两旁大力实施林木绿化工程,盲沟改碱、暗管排碱、生物改碱等多种做法相结合,使盐碱土绿化取得成功。

(三)盲管改碱技术

盲管改碱技术是将排水管埋入种植土层之下,土壤中的盐分随水排入排水系统。该法同样适用于城区道路两侧地下水位高、面积小的重度盐碱地,且多用于园林绿化工程。

1. 传统盲管改碱技术

在满足项目绿地要求的种植土层下 45～65 cm 处开挖 30 cm×30 cm 沟槽铺设盲管，沟内先铺 10 cm 的中沙后，再铺设直径 6 cm 以上的螺纹排盐盲管，用中沙将沟填平。之上先铺设 20 cm 以上的碎石做隔离层，隔离层上再铺设 5 cm 厚的稻草做过滤层，最后回填种植土。其中，盲管直接接入雨污水排水系统，通过雨污水排水系统排盐，盲管坡度为 0.3%。这种办法目前在山东省东营市土壤盐碱地区普遍采用，具有排盐效果好、成本低的优点。

2. 新型排水防渗材料

新型排水防渗材料——毛细透排水带，采用薄片式软质橡塑材质，利用毛细力、虹吸力、表面张力和重力，模拟自然生态机制，可防堵塞、防水土流失，促进排水，解决穿透性过滤方法存在的淤积堵塞，水土流失带来的表面沉降、崩塌，排水系统日久失效等问题。

新型毛细排水带具有自清功能，可直接铺设于土壤中，不需用土工布包裹，随排水管长度安装铺设，排水带起端用硅胶封口，尾端接入 DN100-DN200 的 PVC 干管中，不需要用检查井连接。PVC 干管将排水带收集的水，直接排至附近雨水井中，从而降低整个工程造价，不影响绿化美观，方便日后维护管理。同时，毛细排水带表面开孔率高，集水性好，抗压性强，耐久性和柔韧性好，适应土体变形，可与起伏不平的地形紧密贴合，所以，施工更容易、简便，工期短，土方量少，造价低，寿命长，易被业主接受和采纳，值得推广和普及。

（四）深沟条田

深沟改碱条田是根据土壤的盐碱化程度和地下水位的高低情况，确定排沟的合理间距和深度，采取灌排分设，排沟逐级加深，末级排沟通入主排水河道的工程措施。此法通过挖沟取土筑高田面，相应地降低了地下水位，田面通过大水灌溉洗盐、淋洗盐碱、减除盐碱、降低土壤盐分含量，并配合种植翻压绿肥等措施，达到改良利用盐碱地的目的。此方法适用于面积较大的排水不良的低洼盐碱地。

深沟条田的农沟间距长 60～100 m，宽 40～50 m，条田面积 40 000～60 000 m²，农沟沟深 2.0 m，斗沟深 2.5 m，支沟深 3.0 m，条田高出原地面 1.8～2.0 m，沟坡采取耐盐生物植被护坡。条田形成后，田面四周筑大围堰，围堰将雨水及浇灌水留在田内不致外流，起到留水洗盐、压盐的作用。初形成的条田土壤

含盐量较高,不能直接耕种,必须采取措施逐渐降低条田的土壤含盐量。主要措施如下:

(1)耕翻后洗盐。一般采取冬耕春灌的办法,通过耕翻,使耕层土壤得到暴晒熟化,同时切断土壤的毛管,降低潜水的上升强度,减少盐分表聚。洗盐时可利用雨季大水漫灌台面,冲洗土壤盐分,冲洗时的冲水量大于田间持水量,视情况进行1～2次冲洗或持续一段时间冲洗,使盐分随水下淋。

(2)在条田耕作上,加大有机肥施用量、改善土壤理化性质、提高土壤肥力,推行平整台面、条畦种植、农膜覆盖、适当晚播等有利台田改良的农业技术及措施。

二、排灌措施

水作为盐分的溶剂和运输介质,对盐渍化土壤的改良起着极为重要的作用。水是盐碱土改良的重要物质,排灌是盐碱土改良的重要措施,排灌是以水为动力,调控水盐动态和水盐平衡,达到消减土壤盐分的目的。

(一)排水措施

盐碱地的改良要降低土壤盐分浓度,是通过在排水、排盐的基础上改善土壤水盐状况。尤其是低洼盐碱地块,发展灌溉就必须解决排水问题,不仅排除地表水,更重要的还是排除过多的地下水,控制地下水位,防止土壤返盐。排水措施主要有开沟排水、井灌井排。

开沟排水主要用于盐碱较重,地下水位浅、排水有出路的地区,可建立排水系统,排水沟深度应在 1.5 m 以上,有利于土壤脱盐和防止返盐。井灌井排是利用水泵,从机井内抽吸浅层地下水,进行抗旱灌溉兼顾洗盐。同时,也可降低地下水位,使机井起到灌溉、排水的双重作用。井灌井排措施适用于有丰富的浅层低矿化地下水源地区。井灌井排一年后,耕层 0～20 cm 土壤脱盐率为 35.2%。井灌井排,结合明沟排水,盐碱土的改良效果非常明显。而在浅层地下咸水区(大于 2 g/L)可在雨季来临时临时抽咸补淡,腾出地下水库容,能够增加汛期入渗率,淡化地下水,有效防止土壤内涝,加速土壤脱盐。

(二)洗盐压盐

压盐灌溉是为了改善土壤的理化性质或改变田间小气候。淡水洗盐、压盐是在排水体系健全的条件下,利用淡水来溶解土壤中的可溶盐分,将作物主要根系活动层的可溶盐分随灌溉水下渗到深层而使耕层淡化,减轻盐分对作物的危害,或通过排水沟将盐分排走。

盐碱耕地的灌溉洗盐一般于耕种前 15 天左右进行,灌水前围筑高埝,平整土地、深耕,有条件的可结合深耕翻入秸秆(每公顷 7 000 kg 左右)或增施粪肥,有利于透水而加大盐分淋洗量,灌水量一般在每公顷 1 800 方左右,最好能泡水 1~2 天。测定结果表明,采用每公顷灌水量 1 800 方淡水压盐后,耕层(0~20 cm)土壤脱盐率,不耕翻地块为 45%,耕翻地块为 60%,翻压麦秸每公顷 7 500 kg 为 76%。因此,在进行灌水压盐时配合农业措施,可提高灌水压盐的脱盐效果。

对新开垦的盐碱荒地或造林地,洗盐季节应在水源充裕、潜水位较深、蒸发量小、温度较高的季节进行,因为地下水位低,灌水洗盐时表层盐分便于向深层淋洗;蒸发量小,在灌水后不致强烈返盐;温度高时,盐分溶解速度快。灌溉洗盐用水量应尽量大些,一般情况下,用水量大的脱盐效果好于用水量小的。但如果用水量过大,不仅造成水的浪费、加大成本,还会造成地下水位升高、土壤养分流失等不利因素。一般以硫酸盐为主的土壤可适当大些,以氯化物为主的土壤可小些。一般洗盐 2~3 次,每次每公顷灌水量 1 200~1 800 方为宜。洗盐按季节可分为秋洗、春洗和伏洗。

秋洗新垦盐碱地或计划翌春造林的重盐碱地,都可在秋末冬初灌水洗盐。这时水源比较充足,地下水位较低,冲洗后地将封冻,土壤水分蒸发量小,脱盐效果较好,但秋洗必须要有排水出路,否则会因洗盐提高地下水位,引起早春返盐。

春洗经过秋耕晒垡的土地,效果较好。可在土壤解冻后立即灌水洗盐,再浅耕耕地造林。亦可造林后,结合灌溉进行洗盐。春季洗盐后蒸发日渐强烈,应抓紧松土。

伏洗新开垦的重盐碱地,可在雨季前整地,在伏雨淋盐的基础上,抓住水源丰富、水温度较高的有利条件,进行伏季洗盐,加速土壤脱盐。

三、培肥措施

地瘦是盐碱土的一大不良性状,增肥也是盐碱土改良的重要措施,有机物质是盐碱土改良的重要物质,增施有机肥料,有机、无机相结合,可以增加土壤有机质含量,提高土壤肥力,改善盐碱土壤的生态环境,促进脱盐,抑制返盐,改善盐渍土壤物理、化学、胶体和生物性状。施用化肥不仅可提高作物产量,增加有机物料的产出,还可增强作物长势,提高抗盐性,减轻盐碱对作物的危害。

(一)增施有机肥

培肥土壤的主要任务是增加土壤有机质,其实质是增加土壤营养物质的储备,扩大物质循环,提高能量转化利用率,保证土壤营养元素和有机质的合理供应、周转和平衡,逐步削弱盐碱危害的不利因素,使土壤水、肥、气、热等各肥力因素协调供应,达到土壤肥力和物质生产的同步提高。

增施有机肥可改善盐碱土壤结构特性,利于土壤团聚体的形成,提高土壤有机质、全氮和速效磷等各项肥力指标。每公顷施用厩肥 45 m^3,连续施用三年后,土壤总孔隙度增加 5% 左右,土壤有机质含量可增加 3.2 g/kg,全氮提高 0.16 g/kg,速效磷提高 2.8 mg/kg。

(二)秸秆还田

秸秆还田后能够增加土壤有机质含量,降低土壤容重,增加土壤孔隙度。试验表明,每公顷施用麦秸 7 500 kg,第 4 年耕层(0~20 cm)土层土壤盐分由 8.6 g/kg 下降到 1.7 g/kg,土壤脱盐率 79.7%;每公顷施用玉米秸 7 500 kg,第 4 年耕层(0~20cm)土层土壤盐分由 8.7 g/kg 下降到 2.1 g/kg,土壤脱盐率 75.8%;土壤容重由 1.41 g/cm³ 降低到 1.28 g/cm³,总孔隙度增加 3% 左右。秸秆还田为土壤微生物提供了充足的碳源,促进微生物的生长、繁殖。秸秆还田后,细菌数增加 1.8~2.6 倍,有利于提高盐碱土生物活性。

(三)合理施用化肥

土壤瘦与理化性状不良是盐碱土的自身属性,要改变这种属性,除环境条件外,还取决于人为向土壤系统输入物质和能量。为了不断扩大物质循环和养分平衡,靠自身的封闭式物质循环和低能量转化难以改变这一不良属性。而增施化肥可增加作物的生物产量,为增加土壤有机质提供了物质基础。

盐碱土壤养分状况的一般特点是缺氮、严重缺磷,所以在盐碱土改良过程中除施用氮肥外,应特别注意施用磷肥,磷肥主要是促进植物根系发育,进而有助于植株地上部分的生长发育,促进有机物质的合成,提高作物产量。

四、耕作措施

(一)深耕平地

地板、土凉、瘠薄和渗透性差是造成盐碱土恶性循环的主要因素,盐碱地经过深耕、深翻和平整,加厚了活土层,特别是在配合增施有机肥料的情况下,适当深耕,打破犁底层,不仅加强了土壤的渗透性和蓄水性能,还对土壤水盐的垂直运动和水平运动产生影响,有利于淋盐和抑盐。

(二)开沟躲盐

开沟躲盐一般结合灌水压盐,是根据土壤水盐运动规律所采取的耕作保苗措施。采取开沟种植形成垄沟和垄台相间的方式,当土壤水分蒸发时,能使土壤下层的水分顺着土壤毛细管多向垄台上运动,这样就减少了盐分在沟内的积累。试验结果显示,开沟躲盐可提高保苗率30%～70%,而且使棉花苗期抗盐能力较弱的生育阶段减轻了盐害,15 cm 土层的水分蒸发量垄台比垄沟高22%,土壤温度高 1.7 ℃,棉花苗期垄沟内土壤盐分含量比垄台和平地明显要低。如果结合地膜覆盖,效果会更好。

(三)巧播避盐

植物某一发育阶段可采取两种措施:耐盐性的分析比较来决定其耐盐性强弱,确定作物敏感期。在作物盐分敏感期,一是采取必要的管理措施,二是通过调整作物播种期,达到避盐的目的。

(四)地膜覆盖

覆盖地膜可以增温、保墒,抑制盐分上升。覆盖地膜可大大减少土壤水分蒸发强度,也就相应抑制了盐分在地表的累积。试验结果表明,地面覆盖条件下,0～40 cm土层春季土壤积盐率为8.1%,而未覆膜地同期的积盐率为20.1%。

五、生物措施

(一)种植耐盐绿肥作物

盐碱土壤最突出的问题是有机质含量低,土壤板结。针对这种实际情况,在盐碱荒地改良初期,种植耐盐绿肥,减少土地空闲裸露时间,增加生物覆盖。这不仅使土壤有机质含量得到增加,还使土壤结构变疏松,耕性变好。在盐碱地区发展绿肥生产可以改善土壤结构和易耕性,降低土壤盐分含量,增强抗旱防涝能力,提高土壤肥力,促进作物增产。

种植绿肥是培肥改土的重要措施:主要种植田菁、草木樨、苕子等豆科绿肥,由于地面覆盖增加,旱季蒸发减少,雨季加强生物排水,降低地下水位,可显著降低土层含盐量。试验表明,盐碱地种植绿肥 2 年后,0～10 cm 土层盐分下降25%,10～20 cm 土层盐分下降16%。

利用绿肥作物改良盐碱地宜选用耐盐且生物量大的绿肥,在盛花期秸秆粉碎后直接翻压于耕层。目前生产上应用的主要是田菁,通过绿肥作物根系穿插作用和秸秆翻压于土壤中,使土壤物理结构得到改善,肥力增加,水盐运行向脱盐方向发展。

田菁选用抗盐能力强的品种,一般在以氯化物、硫酸盐为主要盐类,全盐含量 6 g/kg 的盐碱地上可正常生长。首先种植田菁达到改良盐碱土壤的目的,然后种植普通农作物。在耕层土壤全盐含量 4 g/kg 以上的重度盐碱荒地上,一般经过 3 年,可使土壤盐碱度降低,连续两年种植翻压耐盐绿肥田菁,第 3 年可种植棉花。

在东营滨海盐碱地试验,种植田菁每公顷产鲜绿肥 15 t 以上,在盛花期翻压还田。田菁盛花期茎叶营养丰富,秸秆易腐解,是翻压的最好时期,将田菁翻压于耕层内,不露出地表即可。翻压后防止散墒,用圆盘耙来回耙两遍,使绿肥作物青体和土壤紧密结合。田菁收种,可将田菁整株收获,碾压脱粒后将秸秆粉碎再还田。种植绿肥翻压还田,对加速土壤脱盐、抑制表层返盐的效果明显。

(二)选种耐盐作物

植物根系物理效应可改善根区土壤团聚体、土壤水分入渗等物理性质,可改善盐渍土结构不良、土壤紧实板结、通透性差等不利因素。植物根系及其在土壤中形成的根系钻孔可促进土壤胶体上 Na^+ 淋洗进入下部土层的过程,尤其是种植根系较深的耐盐植物更有利于盐碱土的修复。研究表明,种植根系较深的多年生牧草可以改善盐碱土耕层结构,促进水的渗入,收获移走植物地上部分能够带走植物吸收积累在其地上部的盐分及 Na^+。耐盐植物可以在其地上部分积累大量盐分和 Na^+,在盐碱地上种植盐生植物可以降低土壤含盐量。

在农业生产上,不同作物耐盐程度不同,如甜菜＞向日葵＞棉花＞高粱＞玉米＞小麦＞谷子。可根据土壤的盐碱程度和作物耐盐能力的不同来选种耐盐作物。

(三)植树造林

盐碱地植树造林和营造农田防护林带,不仅可以增加地表覆盖度,还可以调节局部区域的小气候,减弱地面蒸发强度和风速,同时也具有生物排水降低地下水位的作用,能够抑制土壤返盐和土壤盐渍化的发生与发展,巩固和发挥水利工程效益,提高防涝排盐效果,是改良盐碱土的重要生物工程措施。除此之外,绿化还可以美化大自然,产生一定的生态效益和经济效益。

盐碱土植树造林广泛采用耐盐碱、耐涝树种,如刺槐、苦楝、乌柏、白榆、旱柳、加拿大杨、毛白杨、泡桐、侧柏、柳树、紫穗槐和白腊等营造防护林带。

六、化学改良措施

碱性盐碱土的 pH 很高,可达 9 以上,土壤黏重,通气性差,严重影响作物生长。通常施用土壤改良剂对碱性盐碱土进行改良,改良剂有 3 类:一类是含钙物质,如石膏、磷石膏、亚硫酸钙、石灰等,它们是通过提供较多的可溶性钙离子替换土壤胶体上的钠;第二类是酸性物质,如硫酸、硫酸亚铁、黑矾等,它们是通过改良剂提供的酸中和碱,同时提高土体本身碳酸钙的可溶性达到改良的目的;第三类主要是有机类改良剂,包括传统的腐殖质类(如草炭、风化煤、有机物料及绿肥等)、尿素甲醛及尿素甲醛树脂聚合物等,以及工业下脚料糠醛渣等,这类物质主要是通过改善土壤结构促进盐分淋洗,以及抑制钠吸附和培肥等起到改良作用。

化肥工业废渣磷石膏是一种化学改良剂,可促进盐碱地土壤耕层脱盐,降低土壤碱化度,提高土壤通透性,同时降低耕层土壤的 pH,改良盐碱土化学性质。其作用机理是磷石膏中的钙离子与土粒中的钠离子发生了交换,同时强酸性的磷石膏可中和土壤中的碱,使土壤 pH 降低。

施用化学改良剂有一定的局限性:一是有些劣质的改良剂含有较多可能污染土壤的杂质,如磷石膏中含有一定量的氟和重金属,施入土壤后,一旦造成污染,便很难治理;二是广泛施用化学改良剂,需求增加,价格升高,改良成本过高。

施用石膏改良碱地土壤,其用量取决于土壤中代换性钠的含量和土壤总碱度(即土壤中 Na_2CO_3 和 $NaHCO_3$ 的含量),通常用 HCO_3^- 的百分含量来表示。当土壤中代换性钠含量占阳离子代换总量 5% 以下时,作物不会受碱危害,一般不需施用石膏;而当含量占 10%~20% 时,需施用适量石膏改良;含量超过 20%,就必须施用石膏进行改良,消除或降低土壤碱性。

局部土质黏重地块且石膏用量为 3 000 kg/公顷的土地常出现土壤变硬现象,主要原因是土壤中的 CO_3^{2-} 与石膏中的 Ca^{2+} 结合形成 Ca_2CO_3。因此,在黏重土质施用石膏或磷石膏的用量应控制在 1 500 kg/公顷以下。北京农业大学 1979 年出版的《肥料手册》推荐施用量 1 500 kg/公顷,中国农科院农业资源与农业区划研究所推广磷石膏施用量为 1.5~3.0 t/公顷,可长期使用而无污染危害。

值得注意的是,盐碱地改良要综合分析盐碱形成的原因、存在的障碍因素、可利用的自然条件,从而制定改良技术措施,要坚持各项措施综合运用的原则。

 **滨海盐碱地精准施肥技术**

"精准施肥"来源于精准农业。精准农业就是根据空间变异定位、定时、定量地实施一整套现代化农事操作技术与管理的系统。它由现代信息技术支持的多个系统组成，即全球定位系统、农田信息采集系统、农田遥感监测系统、农田地理信息系统、农业专家系统、智能化农机具系统、环境监测系统、土壤养分信息化管理系统、网络化管理系统和培训系统。目前，精准农业已经涉及施肥、精量播种、作物病虫害防治、杂草防除和水分管理等农业生产的多个环节。从研究和应用的广泛性上讲，精准农业土壤养分信息化管理系统和自动变量施肥技术（以下简称精准施肥技术）最为成熟。

精准施肥技术是将地块细化成操作单元，结合不同的土壤类型、土壤中各种养分的盈亏状况、不同肥料的增产效应、不同作物的施肥模式、历年产量等相关信息，形成资料齐全的土壤养分信息化管理系统，决策生成作物施肥作业的变量处方，利用农田精准变量施肥作业机械，有针对性地精确撒施不同配方及不同用量的肥料。试验表明，在同等产量条件下，精准施肥可使多种作物平均增产8.2%～19.8%，最高可达30%，总成本降低15%～20%，化肥施用量减少20%～30%。因此，农田精准施肥是未来施肥作业的发展方向之一，经济和环境效益显著。

第一节　精准施肥的技术要点

一、土壤基础数据库建立

在搜集种植区域现有土壤性状与养分基础数据的基础上，选点采集土壤样品，化验分析并汇总有关数据，建立土壤类型、性状及养分数据库。

二、研究土壤施肥增产效应

根据土壤养分与施肥变量之间的产量变化关系，绘制有关土壤养分与施肥增产效益函数图,确认相关函数,获取施肥参数。

三、拟定作物目标产量和需肥比例

根据生产要求拟定作物目标产量,进一步推算作物营养总需求量、土壤可能供给养分量、施肥量、比例。

四、配制肥料

根据确定的地点和具体的作物目标产量,参照一季作物总施肥量及比例,选取合适的单质化肥,混配生产专用肥。

五、确定施肥时期、地点和施用量

根据作物生长需肥规律,合理确定施肥时期、使用量和施肥方法。

六、记载作物生长及产量变化情况

先指导大田施肥,定点观察,然后记载施肥后作物生长情况,最后选点测产,采集和化验土壤样品,绘制施肥与产量变化图。运用现代信息技术和手段,连续记载并叠加分析土壤养分、田间投入、农业操作和产量的大量信息,逐步完善并建立土壤养分信息化管理系统。

第二节　滨海盐碱地精准施肥的典型案例

一、水稻精准施肥技术

(一)水稻吸收养分的基本规律

水稻正常生长发育所必需的营养元素有碳、氢、氧、氮、磷、钾、钙、镁、硫、铁、锌、锰、铜、钼、硼、硅等。碳、氢、氧在植物体组成中占绝大多数,是水稻淀粉、脂肪、有机酸、纤维素的主要成分。它们来自空气中的二氧化碳和水,一般不需要另外补充。氮、磷、钾三元素,水稻需要量大,单纯依靠土壤供给,不能满足水稻生长发育的需要,必须另外施用,又叫肥料三要素。水稻对其他元素需要量有多有少,一般土壤中的含量基本能满足,但随着高产品种的种植,氮、磷、钾施用量增加,水稻微量元素缺乏症也日益增多。

每生产 500 kg 稻谷及相应的稻草,需要吸收 N 8~10 kg、P_2O_5 5~6 kg、K_2O 12~18 kg,比例约为 2∶1∶3。品种、气候、土壤和施肥技术等条件变化,不同生育时期对氮、磷、钾吸收的量有差异,从秧苗到成熟期的过程中,吸收氮、磷、钾的数量呈正态分布。

(二)水稻各生育阶段需肥规律

氮素吸收规律:水稻对氮素营养十分敏感,是决定水稻产量最重要的因素,水稻在体内具有较高的氮素浓度,这是高产水稻所需要的营养生理特性。水稻对氮素的吸收有两个明显的高峰,一是水稻分蘖期,即插秧后两周;二是插秧后7~8周,此时如果氮素供应不足,常会引起颖花退化,不利于高产。

磷素的吸收规律:水稻对磷的吸收量远比氮素低,约为氮量的一半,但是在生育后期仍需要较多吸收。水稻各生育期均需磷素,其吸收规律与氮素营养的吸收相似。以幼苗期和分蘖期吸收最多,插秧后 3 周左右为吸收高峰。此时在水稻体内的积累量约占全生育期总磷量的 54%,分蘖盛期每克干物质含 P_2O_5 最高,约为 2.4 mg,此时磷素营养不足,对水稻分蘖数及地上与地下部分干物质的积累均有影响。水稻苗期吸入的磷,在生育过程中可多次从衰老器官向新生器官转移,至稻谷黄熟时,约 60%~80% 磷素转移集中于籽粒中,而出穗后吸收的磷多数残留于根部。

钾素的吸收规律:水稻对钾素的吸收量高于氮,需钾素较多,但在抽穗开花前对钾的吸收已基本完成。幼苗对钾素的吸收量不高,植株体内钾素含量为 0.5%~1.5% 不影响正常分蘖。钾的吸收高峰是在分蘖盛期到拔节期,此时,茎叶钾的含量保持在 2% 以上。孕穗期茎、叶含钾量不足 1.2% 时,颖花数会显著减少。出穗期至收获期茎、叶中的钾含量维持在 1.2%~2%。

(三)水稻高产施肥技术

水稻施肥的基本原则:农家肥(或有机肥)与化肥相结合,氮磷钾相结合,施足基肥,早施分蘖肥,巧施穗粒肥,瞻前顾后,平稳推进。

重视化肥,配合有机肥,有机肥与无机肥配合施用对改良培肥土壤的效果十分显著,能提高土壤有机质贮量,改善土壤有机质组成,增加土壤中氮、磷、钾和微量元素的含量,加强土壤的保肥性和供肥性,改善土壤物理性质和水分状况。

1. 氮肥、磷肥或氮、磷、钾配施

高产栽培条件下极易贪青、倒伏、发生稻瘟病,空秕率增加。因此,在施肥上要坚持氮、磷、钾配施。

2.适量施肥与配方施肥

高产栽培施肥量要适宜、配比要合理,要根据肥力状况确定施肥量,做到配方施肥确保高产。

3.高产施肥注意的事项

施肥过程应遵循前促、中控、后补的原则,重施基肥和分蘖肥,酌施穗肥,基肥占施肥量的50%以上,达到"前期隆得起,中期稳得住,后期健而壮"。

"前促"即基肥中施用速效性氮肥占总量的40%~50%,磷肥的全部,钾肥的50%,分蘖期氮肥用量占30%。

"中控"即穗肥中氮肥占总量的20%,钾肥占总量的50%。

"后补"即根据田间长势适当补充粒肥,但氮肥用量不能超过总量的10%。

(1)施足基肥。有机肥料分解慢,利用率低,肥效期长,养分完全,所以做基肥施用较好。稻区早春气温较低,土壤中的养分释放缓慢,为了促进高产田秧苗早生快发,可以将速效氮肥总量的40%~50%作为基肥施用。磷肥和钾肥均作为基肥施用,也可以留一部分在拔节期施用。

(2)早施蘖肥。水稻返青后及早施用分蘖肥,可促进低位分蘖的发生,增穗作用明显。分蘖肥分两次施用,一次在返青后,用量占氮肥的20%左右,用于促蘖;另一次在分蘖盛期作为调整肥,用量在10%左右。以保证全田苗齐,并起到促蘖成穗的作用。后一次的调整肥施用与否主要由群体长势决定。

(3)巧施穗肥。穗肥不仅在数量方面对水稻生长发育及产量形成影响较大,还在施用时期也很关键。穗肥在叶龄指数91左右(倒二叶60%伸出)施,可以促进剑叶生长。群体长势强时,穗肥在叶龄96(减数分裂时期)时施,起到保花作用。

(4)酌情施粒肥。水稻后期施用粒肥可以提高籽粒成熟度,增加千粒重,要控制好粒肥施用量和施肥方式。

盐碱稻田应以有机肥为主,增施磷肥,同时要改进施肥方法。

一是以增施有机肥为主,适当控制化肥施用。有机肥中含有大量的有机质,可增加土壤阴、阳离子的缓冲能力,有机肥又是迟效肥,其肥效持久,不容易损失,有利于保苗、发根、促进生长。盐碱地施用化肥量不宜过多,一般碱性稻田可选用偏酸性肥料,如过磷酸钙、硫酸铵。含盐较高的稻田可施用生理中性肥料,以避免加重土壤的次生盐碱化。盐碱地施用化肥应分次少量施用。

二是增施磷肥,适当补锌。盐碱地磷的含量低于非盐碱地土壤。因此要增加磷的使用量。盐碱地稻田土壤缺锌较普遍,容易产生稻缩苗,要适当补锌,一般采用底肥施用或者插秧时蘸根的方法。

三是改进施肥方法。盐碱地氮的挥发损失比中性土壤大,深层施肥肥效明显高于浅表施肥。改进盐碱地施肥技术一方面应选用颗粒较大的肥料,以减少表面与土壤接触,另一方面,应将多次表施改为80%作为基肥深层施肥或者全层施肥,20%作为穗肥表施。

二、小麦精准施肥技术

(一)小麦吸收养分的基本规律

冬小麦在营养生长阶段(出苗、分蘖、越冬、返青、起身、拔节)的施肥,主攻目标是促分蘖和增穗,而在生殖生长阶段(孕穗、抽穗、开花、灌浆、成熟),则以增粒增重为主。气候、土壤、栽培措施、品种特性不同,小麦植株一生中所吸收的氮、磷、钾的数量及其在植株不同部位的分配也有所不同。一般认为每生产 500 kg 小麦籽粒及相应的秸秆,需吸收纯氮 14～16 kg,磷 5～7.5 kg,钾 10～20 kg,氮、磷、钾三者的比例约为 1:0.4:1。其中,氮、磷主要集中于籽实,分别约占全株总含量的 76% 和 82.4%,钾主要集中于茎叶,占全株总含量的 77.6%。

(二)小麦各生育阶段需肥规律

冬小麦在各个生长发育阶段,吸收氮、磷、钾养分的情况是:出苗后到返青期前,吸收的养分和积累的干物质较少;返青以后吸收速度增加,从拔节至抽穗是吸收养分和积累干物质最快的时期;开花以后,对养分的吸收率逐渐下降。

冬小麦对氮的吸收有两个高峰:一个是从分蘖到越冬,另一个是从拔节到孕穗,后面的高峰远远大于前面的高峰。中国农业科学院土肥所对产量 6 188 kg/公顷的冬小麦植株分析结果是:在营养生长阶段吸收的氮占全生育期总量的 40%,磷占 20%,钾占 20%;从拔节到扬花是小麦吸收养分的高峰期,约吸收氮 48%,磷 67%,钾 65%。籽粒形成以后,吸收养分明显下降。因此,在小麦苗期应有足够的氮和适量的磷、钾营养。根据小麦的生育规律和营养特点,应重施基肥和早施追肥。基肥用量占总量的 60%～80%,追肥占 20%～40%。

(三)小麦施肥技术

1.基肥

小麦的基肥应以农家肥为主,配合施用化肥。施足基肥对培育壮苗,促进有效分蘖和籽粒发育有重要作用。追肥施用量因各地情况不同而有很大差异,一般在每公顷施农家肥 30～75 t 的基础上,在北方要配施一定量的氮、磷化肥,在南方冬麦区配施氮、钾或氮、磷、钾化肥。一般在土壤肥力高的地块,可用 1/3 的氮肥做基肥。每公顷施尿素 75～150 kg 或碳酸氢铵 225～300 kg。

如果土壤肥力很高,农家肥料用量很大,基肥可不施氮肥,将氮肥全部用作追肥。肥力中等的地块,可以将 1/2 的氮肥用作基肥,每公顷施尿素 112.5～225 kg 或碳酸氢铵 375～600 kg。肥力低的地块,则将 2/3 的氮肥用作基肥,每公顷施尿素 150～255 kg 或碳酸氢铵 450～750 kg。在肥力低又无灌溉水条件的地块,通常将氮肥全部用作基肥。土壤速效磷低于 20 mg/kg 的麦田,应增施磷肥。每公顷施过磷酸钙或钙镁磷肥 450～750 kg。

基肥,最好将磷与农家肥混合或堆沤后使用,这样可以减少磷肥与土壤接触,防止水溶性磷的固定,利于小麦的吸收。土壤速效钾低于 50 mg/kg 时,应增施钾肥,每公顷施氯化钾 75～150 kg。盐碱地最好施硫酸钾,土壤有效锌低于 0.5 mg/kg 时,可隔年施用锌肥,每公顷施硫酸锌 15 kg。

2. 种肥

小麦播种时,还可以将少量化肥做种肥,既可以保证小麦出苗后能及时吸收到养分,又对增加小麦冬前分蘖和次生根的生长有良好的促进作用。小麦种肥一般在基肥用量不足、贫瘠土壤和晚播麦田上应用,其增产效果更为显著。种肥可用尿素每公顷 30～45 kg、硫酸铵每公顷 75 kg 左右、过磷酸钙 75～150 kg。种子和化肥最好分别播施。碳酸氢铵不宜做种肥。

3. 追肥

根据小麦各生长发育阶段对养分的需要,分期进行追肥是获得高产的重要措施。现分别叙述如下:

(1)苗期追肥。苗期追肥简称"苗肥",一般是分蘖初期,每公顷追施碳酸氢铵 75～150 kg 或尿素 45～75 kg,可以促进苗匀苗壮,增加冬前分蘖,特别适用于基本苗不足或晚播的麦田。丘陵旱薄地和养分分解慢的泥田、湿田等低产土壤,早施苗肥效果好。基肥和种肥比较充足的麦田,苗期也可以不必追肥。

(2)越冬期追肥。也叫"腊肥",南方和长江流域都有重施腊肥的习惯。腊肥是以施用半速效性和迟效性农家肥为主,对于三类苗应以施用速效性肥料为主,以促进长根分蘖,长成壮苗,促使三类苗迅速转化、升级。北方冬麦区,播种较晚、个体长势差、分蘖少的三类苗,分蘖初期没有追肥的,一般都要采取春肥冬施的措施,结合浇封冻水追肥,可在小雪前后施氮肥,每公顷施碳酸氢铵 75～150 kg 或尿素 45～75 kg,施过苗肥的可以不施"腊肥"。

(3)返青期追肥。对于肥力较差,基肥不足,播种迟,冬前分蘖少,生长较弱的麦田,应早追或重追返青肥。每公顷施碳酸氢铵 225～300 kg 或尿素 45～75 kg,应深施,深度在 6 cm 以上。对于基肥充足、冬前蘖壮蘖足的麦田一般不宜追返青肥。

(4)拔节期追肥:拔节肥是在冬小麦分蘖高峰后施用,促进大蘖成穗,提高成穗率,促进小花分化,争取穗大粒多。拔节期麦苗生长情况分为三种类型,并采用相应的追肥和管理措施。

过旺苗:叶色黑绿,叶片肥宽柔软,向下披垂,分蘖很多,有郁蔽现象。对这类苗不宜追施氮肥,且应控制浇水。

壮苗:叶较长而色青绿,叶尖微斜,分蘖适中。对这类麦苗可施少量氮肥,每公顷施碳酸氢铵 150～225 kg 或尿素 45～75 kg,配合施用磷钾肥,每公顷施过磷酸钙 75～150 kg,氯化钾 45～75 kg,并配合浇水。

弱苗:叶色黄绿,叶片狭小直立,分蘖很少,表现缺肥。对这类麦苗应多施速效性氮肥,每公顷施碳酸氢铵 300～600 kg 或尿素 150～225 kg。

(5)孕穗期追肥:孕穗期主要是施氮肥,用量少。一般每公顷施 75～150 kg 硫酸铵或 45～75 kg 尿素。

(6)后期施肥:小麦抽穗以后仍需要一定的氮、磷、钾等元素。这时小麦根系老化,吸收能力减弱,一般采用根外追肥的办法。抽穗到乳熟期如叶色发黄、有脱肥早衰现象的麦田,可以喷施浓度为 1%～2% 的尿素,每公顷喷溶液 750 L 左右。对叶色浓绿、有贪青晚熟趋势的麦田,每公顷可喷施浓度为 0.2% 的磷酸二氢钾溶液 750 L。近几年,在生产实践中,不少地方在小麦生长后期喷施黄腐酸、核苷酸、氨基酸等生长调节剂和微量元素,对于提高小麦产量起到一定作用。

盐碱地麦田施肥应以有机肥为主,合理选用化肥、配施有机肥。

一是坚持以有机肥为主。农谚说:"碱大吃苗,肥大吃碱。"这里所说的肥指有机肥料,给盐碱地增施有机肥料,能增加土壤中有机质含量,使农作物在整个生育过程中得到全面营养,而且提高土壤保肥能力和对酸碱及有害离子的缓冲能力,降低土壤中盐分与 pH,减轻盐碱对农作物的危害,促进土壤熟化。一般来说,每亩盐碱地应施有机肥 3～4 方,并要坚持每年秸秆还田。在当前有机肥料不足的情况下,种植绿肥是解决脱盐问题的重要途径。

二是合理选用化肥。化肥大多数是盐类,有酸性、碱性、中性之分。酸性、中性化肥可以在盐碱地上施用。而碱性肥料应避免在盐碱地上施用,如尿素、碳酸氢铵、硝酸铵在土壤中不残留任何杂质,不会增加土壤中的盐分和碱性,适宜在盐碱地上施用;硫酸铵是生理酸性肥料,其中的铵被小麦吸收后,残留的硫酸根可以降低盐碱的碱性,也适宜施用;草木灰等碱性肥料,就不适宜在盐碱地上施用;给盐碱地小麦施用磷肥时,应选用过磷酸钙。而钙镁磷肥是碱性肥料,在盐碱地上施用,不仅没有效果,还会导致土壤碱性加重。

三是配合施用有机肥料。这样既可以补充多种营养,又有利于降低土壤溶液浓度,减轻因施用化肥引起盐碱为害。施肥要注意多次少量施用,以免土壤溶液浓度骤然过高,影响小麦吸收和生长。铵态氮肥在盐碱地上施用易引起氨的挥发,一定要深施埋严。盐碱地早春地温低、回温慢,微生物活动减弱,有效磷释放少,常表现缺磷,增施磷肥可以显著增产,施肥方法是做底肥深施。

三、棉花精准施肥技术

(一)棉花吸收养分的基本规律

氮素对棉花的作用最明显,时间最长,从幼苗开始直到开花结铃期,都需要有适量的氮素供应。氮素供应适当,棉花叶色深绿、植株健壮、蕾铃多、产量高、品质好。如果初期氮素供应过多,会引起棉花徒长,如果生育中期供应不足,棉叶会变黄变小,脱落多,后期早衰,产量低;如果中后期供应过量,会引起棉花疯长,晚期减产,降低品质。磷素在生育前期能促进根系发育,使壮苗早发,对早现蕾、早开花有重要作用;在生育后期能促进棉花成熟,增加铃重。钾素能起到健枝壮秆和增加抵抗不良因素的作用;钾素缺乏时,植株易感病,叶片变红,提早枯落。棉花的红叶茎枯病主要是由缺钾造成的。

(二)棉花各生育阶段需肥规律

据试验,每生产 100 kg 皮棉约从土壤中吸收氮素 13.35 kg,磷 4.65 kg,钾 13.35 kg。棉花不同生育期吸收养分的数量是不同的。据研究,苗期吸收氮、磷、钾的数量分别占一生吸收量的 5%、3%、3% 左右;从现蕾到始花期,氮、磷、钾吸收量分别占一生吸收量的 11%、7%、9% 左右;从初花到盛花期,氮、磷、钾的吸收量分别占一生吸收量的 56%、24%、42% 左右;吐絮以后,对氮、磷、钾的吸收量分别占一生吸收量的 5%、14%、11% 左右,因此,棉花一生的吸肥高峰期在花铃期,氮肥吸收高峰在前(始花期至盛花期),磷钾吸收高峰在后(盛花期至吐絮期)。

(三)棉花施肥技术

1. 施足基肥

目前,黄河三角洲地区棉田多分布在沙质和轻壤质土上,养分含量较低,多为连作棉田,土壤养分消耗大,土壤养分普遍不足,因此,施足基肥对保证棉田高产、稳产具有重要意义。基肥应以有机肥为主,施用数量要根据产量要求、地力水平和肥料质量来定,亩产百斤皮棉,一般需施土杂肥 3 000～4 000 kg、饼肥 50 kg左右、磷肥 50～70 kg、碳铵 25～30 kg,缺钾土壤还要施钾肥 10～15 kg,缺硼或锌的土壤,每亩应补施锌或硼肥 1 kg,可与有机肥掺均施或与30 kg细干土掺均撒施。可在盛蕾期和花铃期各喷施一次,浓度为 0.2%。如钾肥肥源不足,可用草木灰代替或用 0.5 kg生物钾拌种。施肥方法以沟施为最佳。

2. 分期追肥

应根据棉花需肥规律合理追肥,棉花追肥的原则是:轻施苗肥,稳施蕾肥,重视花铃肥,补施盖顶肥。

(1)轻施苗肥。棉花出苗后,种子本身储藏的养分基本上已消耗完毕,土壤因低温而分解慢,侧根吸收能力差,追施一定量的化肥对促进壮苗有一定好处。苗期以氮肥为主,也可与磷肥、腐熟饼肥混合追施,每亩尿素约 2.5 kg、饼肥 25 kg 左右。

(2)稳施蕾肥。棉花现蕾后对养分的要求开始增加,蕾期吸收氮量约占整个生育期的 11%～20%,蕾期应适量追肥,以满足棉株发棵的需要,并防止肥多引起徒长,施肥要稳施、巧施。一般可在棉花现蕾初期亩施氮肥 5～6 kg,如果再配合使用饼肥 15～20 kg、普钙 10～15 kg 效果会更好。据试验,壮苗少施蕾肥比多施蕾肥增产 6.4%;弱苗多施蕾肥比少施增产 8.4%;旺苗施蕾肥比不施减产 10%;旺苗多施比不施减产 16%,蕾肥施与不施、施多施少和是否巧施是增产与否的关键。

(3)重施花铃肥。花铃期是棉花需要养分最多的时期,重施花铃肥对争取多座"三桃"有明显作用。追肥数量应占全生育期追肥量的一半以上。对蕾肥多、地力肥、长势旺的棉要适当晚施;对地力差、基肥少、长势弱的棉田要适当早施。花铃肥以初花期施用为好。

(4)补施盖顶肥。施盖顶肥主要是防止棉花后期缺肥而早衰,争取多结秋桃和增加铃重,多根外追肥。对缺氮棉田,每亩可喷 1%～1.5%的尿素溶液 50～75 kg;既缺磷又缺钾或有旺长贪青晚熟棉田,每亩可喷 0.25%～0.3%磷酸二氢钾溶液;尤其对抗虫棉田宜早喷、多喷,对于蕾铃脱落比较严重的棉田每亩可喷0.2%硼砂溶液50~70 kg,以保棉田高产。

盐碱地棉田施肥应足量施用磷肥、适量施用氮肥;重度盐渍棉田有效钾含量较高,一般不施钾肥,适当增施氮肥;中度和轻度盐碱棉田应适当增施钾肥。重度盐碱地施肥的增产效果明显,但土壤中的盐分明显抑制棉花的生长和养分的吸收,增加施肥量的增产效果受到较大制约,不宜多施肥,更不宜过多施钾肥。同时,盐碱地氮肥的氨挥发较为严重,肥料利用率低。要从根本上减少肥料损失、提高肥效,要从以下两个方面着手:一方面要合理施肥,另一方面要不断改良盐碱地,降低土壤含盐量,改善土壤理化性状。

盐碱地棉田施肥应根据土壤盐分含量、地力水平和产量目标分类施肥,实行普通肥料与控释肥相结合、根际肥和叶面肥相结合的精准施肥技术。在每公顷施用优质有机肥22.5~30.0 t或棉花秸秆粉碎还田的基础上,各类盐碱地棉田氮、磷、钾化肥的合理用量如下。

含盐量0.25%以下的轻度盐碱地,子棉目标产量为每公顷3 750~4 500 kg,每公顷化肥用量分别为N 195~225 kg,P_2O_5 90~105 kg,K_2O 105~120 kg。其中,磷肥全部做基肥施用,氮肥和钾肥用作基肥各占40%,花铃期追肥各占60%。提倡采用控释氮肥,推荐每公顷90 kg控释氮肥+90 kg普通氮肥做基肥一次施用,磷、钾肥用量不变。

含盐量0.25%~0.45%的中度盐碱地,子棉目标产量为每公顷3 000~3 375 kg,每公顷化肥用量分别为N 150~180 kg,P_2O_5 75~80 kg,K_2O 75~90 kg。其中,磷、钾肥全部做基肥施用,氮肥用作基肥占50%,花铃期追肥占50%。提倡采用控释氮肥,推荐每公顷75 kg控释氮肥+75 kg普通氮肥,做基肥一次施用。磷、钾肥用量不变。

含盐量0.45%以上的重度盐碱地,子棉目标产量为每公顷2 025~2 625 kg,每公顷化肥用量分别为N 120~150 kg,P_2O_5 50~60 kg,K_2O 30~35 kg。其中,磷、钾肥全部做基肥施用,氮肥用作基肥占50%,初花期追肥占50%。提倡采用控释氮肥,推荐每公顷60 kg控释氮肥+60 kg普通氮肥,做基肥一次施用。磷、钾肥用量不变。刚开垦或种植年限较短的重度盐碱地(土壤含钾量一般较高)可不施钾肥。在此基础上,自8月初开始叶面喷肥,用浓度为尿素2%和磷酸二氢钾0.5%的混合溶液叶面喷施2~3次。

四、花生精准施肥技术

(一)花生吸收养分的基本规律

花生对氮、磷、钾三要素的吸收量是两头少,中间多,在全生育过程中,对氮、磷、钾的吸收是:幼苗期、饱果期、成熟期少,开花下针期、结荚期多。气候、土壤、栽培措施、品种特性不同,花生吸收的氮、磷、钾数量及其在植株不同部位的分配也有不同。每生产100 kg 荚果及相应的秸秆需要吸收纯氮(N)(5.54±0.68)kg,纯磷(P)(1.0±0.18)kg,纯钾(K)(2.65±0.55)kg,钙素(CaO)(1.5~3.5)kg,每同化 15 份氮素约需要 1 份硫素。花生吸收氮、磷、钾的比例约为3:0.4:1。但花生靠根瘤菌供氮可达 2/3~4/5,实际上要求施氮水平不高,花生还具有嗜钾、钙的营养特性,对镁、硫、钼、硼、锰、铁等反应敏感。

(二)花生各生育阶段需肥规律

花生苗期吸肥量很小,不到总量的 10%,是氮、磷、钾肥的需肥临界期,此时缺肥会阻碍壮苗早发和根瘤的形成。早熟花生的开花下针期或晚熟花生的结荚期是氮、磷、钾肥的吸肥高峰期,吸肥量占总量的 60% 左右。而饱果成熟期吸肥量只占总量的 10% 左右。

(三)花生施肥技术

有机肥、磷钾肥多基施,一次施足。要深施钾肥、浅施钙肥,后期喷施叶面肥,保证花生苗期壮苗早发,中期稳长,后期不早衰。

1. 基肥

花生应着重施足基肥。一般每亩施用农家肥 1 000~1 200 kg,硫酸铵 5~10 kg,钙镁磷肥 15~25 kg,氯化钾 5~10 kg。基肥宜将化肥和农家肥混合堆闷 20 天左右后分层施肥,2/3 深施于 30 cm 深的土层,1/3 施于 10~15 cm 深的土层。为防止花生徒长,也可把农家肥重施在花生前作上,既有利于根瘤菌活动,又不过量增加有机质。

2. 种肥

选用腐熟好的优质有机肥 1 000 kg 左右与磷酸二铵 5~10 kg 或钙镁磷肥 15~20 kg 混匀沟施或穴施。另外,在花生播种前,每亩施用 0.2 kg 的花生根瘤菌剂,结合 10~25 克钼酸铵拌种可取得较好的经济效益。

3. 追肥

一般用于基肥、种肥不足的麦套花生或夏花生上。亩施腐熟有机肥 500～1 000 kg，尿素 4～5 kg，过磷酸钙 10 kg，在花生始花前施用。也可用 0.3% 的磷酸二氢钾和 2% 的尿素溶液，在花生中后期结合防治叶斑病和锈病与杀菌剂一起混合叶面喷施 2～3 次。

4. 微肥

在石灰性较强的偏碱性土壤上要考虑施用铁、硼、锰等微肥；在多雨地区的酸性土壤上应注意施钼、硼等微肥。微肥可做基肥、种肥、浸种、拌种和根外喷施，一般以拌种加花期喷施增产效果最好，喷施时以浓度为 0.1%～0.2% 为好。

盐碱地花生施肥应充分考虑盐碱地土壤中过多盐离子的不利影响，重施、足施有机肥，配施化肥，适量施用中微量元素肥。

五、谷子精准施肥技术

(一)谷子吸收养分的基本规律

每生产 100 kg 谷子籽粒及相应的秸秆需要氮 2.5～3.0 kg、磷 1.2～1.4 kg、钾 2.0～3.8 kg。其中，出苗到拔节，吸收的氮占整个生育期需氮量的 4%～6%；拔节到抽穗期，吸收的氮占整个生育期需氮量的 45%～50%；籽粒灌浆期，吸收的氮约占整个生育期需氮量的 30%。幼苗期吸钾量较少，拔节到抽穗前是吸钾高峰，抽穗前吸钾占整个生育期吸钾量的 50% 左右，抽穗后又逐渐减少。

(二)谷子施肥技术

谷子的施肥主要包括基肥、种肥和追肥。

1. 基肥

谷子多在旱地种植，应在耕地时一次施入有机肥做基肥，一般有机肥用量 15 000～30 000 kg/公顷，过磷酸钙 600～750 kg/公顷。

2. 种肥

氮肥做种肥施用时用量不宜过多，每公顷用硫酸铵 37.5 kg 或尿素 11.25～15.0 kg 为宜。如农家肥和磷肥做种肥，增产效果也好。

3. 追肥

追肥增产作用最大的时期是抽穗前 15～20 天的孕穗期，一般每公顷纯氮 75 kg 为宜。氮肥较多时，分别在拔节期追施"坐胎肥"，孕穗期追施"攻粒肥"。在谷子生育后期，叶面喷施磷酸二氢钾和微肥，可促进开花结实和籽粒灌浆。

病虫害绿色防控技术

农作物病虫害绿色防控是在 2006 年全国植保工作会议上提出"公共植保、绿色植保"理念的基础上，根据"预防为主、综合防治"的植保方针，结合现阶段植物保护的现实需要和可采用的技术措施，形成的一个技术性概念。其内涵就是按照"绿色植保"的理念，采用农业防治、物理防治、生物防治、生态调控以及科学、合理、安全使用农药的技术，达到有效控制农作物病虫害，确保农作物生产安全、农产品质量安全和农业生态环境安全，促进农业增产、增收的目的。当前应用面积较大，技术相对成熟的绿色防控技术主要有理化诱控、生物防治、生态控制、生物农药和高效低毒、环境友好型化学农药防治技术等。黄河三角洲地区物理诱控、生物农药、农用抗生素、生态控制等绿色防控技术应用面积较大。

第一节　农作物绿色防控关键技术

一、生态调控技术

农业害虫生态控制技术主要采用人工调节环境、食物链加环增效等方法，协调农田内作物与有害生物之间、有益生物与有害生物之间、环境与生物之间的相互关系，达到保益灭害、提高效益、保护环境的目的。此技术在黄河三角洲地区主要应用于蝗虫、小麦条锈病、水稻病虫、棉花病虫的生态控制。

（一）蝗虫生态控制技术及其应用

生态治蝗是指在飞蝗常年发生的沿海蝗区、河滩蝗区、滨湖蝗区发生区种植苜蓿、棉花、冬枣等蝗虫非喜食植物，使大批荒土地得以复耕，压缩宜蝗面积，形成不利于蝗虫生长、产卵的环境，进而控制东亚飞蝗、稻蝗等非迁移性蝗虫。东营市盐碱地面积大，生长的芦苇、马绊、茅草等禾本科杂草为蝗虫生存提供了适宜的环境和丰富的食料。东营市通过盐碱地治理、发展上农下渔种植模式、开展植树造林、滩涂养殖等生物多样性技术和生态系统自然调控技术，替代种植了棉花、苜蓿、香花槐等植物,改造了蝗虫适宜生存的滩涂荒地环境,创造了不利于蝗虫生长发育的生态环境,有效控制了东亚飞蝗的发生。

(二)棉花生态控制技术及其应用

棉花生态控制是指在棉花种植区内及周边种植驱避、诱集作物,增加棉田生态多样性,保护和利用天敌,同时结合秋翻冬灌、铲埂除蛹、性诱剂诱捕等单项技术有效控制棉田病虫害危害。棉田四周套种玉米,可引诱棉铃虫成虫在玉米上产卵,减少棉田落卵量。作为诱集用的春玉米应选择高产早熟品种,力求做到玉米抽雄与二代棉铃虫产卵盛期相吻合,利用棉铃虫成虫在玉米心叶中潜伏的特性进行人工捕捉。

(三)水稻生态控制技术及其应用

在水稻种植区利用作物高低不同,间套作形成物理屏障,阻断病害传播,从而起到控害目的,同时推广稻鸭、稻鱼共育技术,既可保护农田生态系统的多样性,又可改善土壤肥力、增加农业产值。例如黄河三角洲地区在水稻移栽返青后,放养 25 日龄幼鸭 10~12 只/667 m²,加强稻田鸭的饲养管理,在水稻齐穗后结束放鸭。

二、农业防控技术

农业防治是有害生物综合治理的基础措施。选用抗病虫良种、建立无病虫种苗基地、改革耕作制度、清除田间病虫残体等措施可不同程度地控制病虫害的发生。

(一)选用抗病虫良种

选用抗病虫品种可减轻病虫危害。如水稻品种——津稻 263 中抗稻瘟病,抗条纹叶枯病,小麦品种——济麦 22、良星 99 抗白粉病,棉花品种——鲁棉研 36 号、K836 高抗枯萎病、耐黄萎病。

(二)建立无病虫种苗基地

建立无病虫留种区或留种田,选用无病虫的优良种苗,可以减少病虫的发生传播。促进作物苗全苗壮、植株生长良好,提高抗病虫能力。要选择无病虫的地块,有病虫的地块要进行土壤处理。种植前严格挑选无病虫和品质优良的种子或苗木,必要时进行种苗消毒处理。

（三）改进耕作制度

农田长期种植单一作物会为病虫提供稳定的环境和丰富的食源，容易引起病虫的猖獗。合理轮作换茬，可保证作物健壮生长，提高抗病虫能力。如水稻三化螟、棉花枯、黄萎病等在连作地块发生严重，实行轮作能显著减轻危害，水旱轮作效果更好。麦间做套种，可减少前期棉蚜迁入，麦收后又能增加棉株上的瓢虫数量，减轻棉蚜危害；在棉田套种少量玉米、高粱，能诱集棉铃虫在其上产卵，可集中灭卵，减少田间用药次数，降低防治成本。

（四）清除田间病虫残体

消除附有病虫的枯枝、落叶、落花、落果和病残体，可消灭大量潜伏病虫。在作物苗期适时间苗、定苗、拔除弱苗和病虫苗；在棉花生长期及时整枝打杈，可明显抑制病虫害的发生，提高防效。

三、理化诱控技术

理化诱控技术是指利用害虫的趋光、趋化性，通过布设灯光、色板、昆虫信息素等诱集并消灭害虫的控害技术。

（一）杀虫灯诱杀

利用害虫对不同波长、波段光的趋性进行诱杀，有效压低虫口基数，控制害虫种群数量。杀虫灯有交流电式和太阳能两种。黄河三角洲地区用于防治稻飞虱、稻纵卷叶螟等害虫，棉田的棉铃虫等害虫的主要工具是频振式杀虫灯、黑光灯，诱杀效果显著。据测算，每 10 000～13 000 m² 安装一盏高效杀虫灯，灯的高度要略高于农作物，可诱杀 0.35 kg 成虫。东营市在连片水稻田安装频振式杀虫灯，灯距 180～200 m，单灯控制面积可达 30 亩左右。

（二）色板诱控技术

利用害虫对颜色的趋向性利用板上黏虫胶防治虫害，其中应用广泛的为黄板、蓝板及信息素板。它们对蚜虫、斑潜蝇、白粉虱、烟粉虱、蓟马等害虫有很好的防治效果。黄河三角洲地区黄板应用面积最大，占色板诱虫总面积的 90% 以上，涉及玉米、水稻、棉花等作物。

（三）昆虫信息素诱控技术

应用广泛的是性信息素、空间分布信息素、产卵信息素、取食信息素等可诱杀水稻螟虫、玉米螟、小麦吸浆虫、棉盲蝽、甜菜夜蛾、斜纹夜蛾、棉铃虫等多种农作物害虫。例如东营市防治棉花绿盲蝽,将一根直径约 1.5 cm、长 1.5～1.8 m 的竹竿的一端插入棉田,深度为 25～30 cm,将绿盲蝽性信息素盒固定在竹竿的另一端,信息素盒内诱芯保持高出棉花植株 10～15 m,应用后棉田绿盲蝽的百株残虫数量下降约 1/3,被害棉蕾数量下降约 30%。

(四)其他诱控技术

利用潜所诱杀害虫。利用害虫的潜伏习性,引诱害虫潜伏或越冬后集中消灭。如用杨树枝把诱集棉铃虫;在玉米地插枯草把诱集黏虫成虫潜伏产卵;利用泡桐树叶诱集小地老虎的幼虫等,杀虫效果十分显著。

利用食饵诱杀害虫。利用害虫的趋化性,在害虫取食的饵料中加入杀虫剂,可诱杀多种害虫。如用糖醋液诱杀黏虫、小地老虎等成虫;在棉田里种植少量的玉米、胡萝卜、高粱等诱集棉铃虫产卵,集中消灭,可显著降低虫源。

四、生物防控技术

(一)寄生性天敌生防技术及其应用

寄生性天敌常见的昆虫有姬蜂、茧蜂、蚜茧蜂、大腿小蜂、蚜小峰、金小蜂、赤眼蜂等,在生产上起着较大作用的是赤眼蜂、丽蚜小蜂等,分别应用于玉米、水稻、蔬菜、果树、棉花等作物。赤眼蜂可寄生稻纵卷叶螟、二化螟、米蛾、稻褐边螟、棉铃虫、亚洲玉米螟等多种农业害虫,其应用面积约占寄生性天敌应用面积的 82.5%。

丽蚜小蜂在玉米防治上应用面积最大,在蔬菜、果树和水稻上也有小面积应用,对温室白粉虱、烟粉虱和银叶粉虱的控制作用强。东营市在玉米螟产卵初至盛期,每亩释放 1.5 万头,分 2～3 次释放,可有效防控一代玉米螟。

(二)捕食性天敌生防技术及其应用

捕食性天敌中效果较好且常见的昆虫有瓢虫、捕食螨、小花蝽、草蛉、食蚜蝇、食虫虻、蚂蚁、食虫蝽、胡蜂、步甲等。目前瓢虫、捕食螨、小花蝽等主要用于防治小麦、玉米、蔬菜、果树、棉花等作物上的害虫。瓢虫是我国目前应用面积最大的一种捕食性天敌,可捕食麦蚜、棉蚜、槐蚜、桃蚜、介壳虫、壁虱等害虫,有效防治各种农作物遭受害虫的损害。捕食螨主要用于防治蔬菜、果树、棉花等作物上的各类害螨。

五、生物农药的应用

(一)生物化学农药的应用

1.昆虫激素诱控技术及其应用

主要是利用昆虫或人工合成的性引诱剂干扰害虫正常交配,影响其生长发育和新陈代谢,还可喷撒蜕皮激素,促使昆虫过早蜕皮,影响其正常发育。目前,黄河三角洲地区大量推广使用或正在推广的品种有除虫脲、氟虫脲、氯氟脲等。

2.农用抗生素防控技术及其应用

已广泛应用的有春雷霉素、中生菌素、浏阳霉素、链霉素、阿维菌素等。其中黄河三角洲地区在水稻分蘖末期利用5%井冈霉素或15%井冈·戊唑醇悬浮剂防治水稻纹枯病。试验证明,亩用72%硫酸链霉素可溶性粉剂防治水稻基腐病效果明显。宁南霉素水剂60～100 g/公顷喷施2～3次有效防治水稻条纹叶枯病。阿维菌素应用防治棉铃虫、斑潜蝇和螨类等多种害虫效果显著,持效期达7～15天。

东营市水稻田用5%阿维菌素防治稻纵卷叶螟幼虫、1.8%阿维菌素防治水稻斑潜蝇和棉花铃期红蜘蛛效果较好;用0.15%苦参碱＋13.5%硫黄防治水稻纹枯病、水稻条纹叶枯病,效果显著。

(二)植物源农药防控技术及其应用

利用植物的某些部位(根、茎、叶、花或果实)所含的稳定的有效成分防治病、虫、杂草等损害的植物源制剂。目前常用的制剂有烟碱、苦参碱、大蒜素、鱼藤酮、印楝素制剂等,如石家庄植物农药研究所用中草药制成"虫敌"制剂,可防治蚜虫、菜青虫、棉铃虫、螟虫等,持续有效期约20天。

(三)微生物农药防控技术及其应用

昆虫病原微生物被利用制作生物农药,主要包括病原细菌、真菌、病毒、拮抗性细菌、益菌等种类的利用。将病原微生物制成菌粉、菌液等微生物农药制剂,田间喷施后可侵染害虫致其死亡。(1)细菌型农药有蜡质芽孢杆菌、枯草芽孢杆菌、荧光假单孢杆菌、球形芽孢杆菌等。黄河三角洲地区应用苏云金芽孢杆菌每亩用250 mL防治玉米螟、棉铃虫等害虫幼虫;虫量较低时,优先采用苏云金杆菌防治水稻二化螟、大螟。(2)真菌型农药有白僵菌、布氏白僵菌和绿僵菌制剂等。白僵菌制剂通过消化道及体壁侵入使昆虫体内长满菌丝,形成僵硬的菌核致害虫死亡。目前白僵菌可湿性粉剂用于防治玉米螟、蛴螬等害虫。东营市在东亚飞蝗三至四龄蝗蝻发生期,利用绿僵菌悬浮剂飞机防治中低密度蝗虫发生区;东营市部分地区在玉米大喇叭口期,白僵菌与滑石粉 1∶50 均匀混合后每亩 30 g 喷粉,可用于防治玉米螟幼虫;利用甘蓝夜蛾 NPV、球孢白僵菌防治稻纵卷叶螟,田间应用防治效果达 70%～80%。(3)病毒型农药有质型多角体病毒(CPV)和核型多角体病毒(NPV)两类。农业部发布的无公害农产品生产推荐农药品种中有甜菜夜蛾核多角体病毒、棉铃虫核多角体病毒、小菜蛾颗粒体病毒等,这些病菌型生物农药用于防治棉铃虫、斜纹夜蛾等。黄河三角洲地区应用较少。

第二节　绿色防控技术应用实例

一、水稻绿色防控技术措施

(一)农艺措施

1. 选用抗病品种

根据近几年水稻主要病虫害的发生情况,选用适宜当地种植,对主要病虫害抗性较好品种作为主导品种。

2. 合理轮作

采用合理耕作制度、轮作换茬、种养结合等农艺措施,减少病虫害的发生。

3. 合理灌水

翻耕灌水。在越冬二化螟化蛹高峰期和播种前灌水,杀灭越冬螟虫,降低螟虫发生基数。

清除菌核。在大田平整灌水后、水稻移栽前清捞水面菌核,并带出田外集中处理,控制纹枯病的发生。

稻田水层管理。根据水稻生理需求,建立优良的水田环境,在水稻移栽后的返青期实行寸水护苗和控虫;在水稻分蘖基础达到预期苗数后及时搁田控制无效分蘖;拔节后至孕穗期保持薄水层;灌浆结实期间歇灌薄水,保持土壤湿润,防止断水过早。

4. 种子消毒

药剂浸种后进行消毒处理,控制水稻恶苗病等苗期种虫病害的发生。

5.科学施肥

要求控制总氮肥的施用量,增施钾肥和硅肥。根据不同品种和目标产量以及地力水平确定氮磷钾的比例。按照重施基肥、早施蘖肥、巧施穗肥、补施粒肥的原则进行科学施肥。其中,氮肥按基肥∶分蘖肥∶穗肥∶粒肥为4∶2∶3∶1比例进行分配,基肥在移栽前1~3天施用,保蘖肥在移栽后15天施用,穗肥宜在分化二期施用,粒肥在破口期施用。

6.集中育秧

采用集中育秧方式,有效避虫,减少危害程度。种子经浸种催芽放置在室外苗床后,应在苗床覆盖一层防虫网。

(二)生态调控

1.种植显花植物

在田埂分期种植芝麻、大豆、向日葵等显花植物,确保水稻整个生长期都有显花植物开花,保育和促进天敌种群的增长。

2.信息素诱杀

根据二化螟、稻纵卷叶螟监测数据决定是否采用性诱剂诱杀技术。在水稻种植区域内,按照外疏内密的布局方法,在二化螟、稻纵卷叶螟成虫期,平均每667 m² 安放1个诱捕器。诱杀雄成虫,每30天换一次诱芯。诱捕器悬挂高度为高出植株15 cm。

(三)物理诱控

按照棋盘式连片布局,每20 000~33 333 m² 安装一台太阳能杀虫灯,安装高度为1.7~2 m。杀虫灯运行时间为害虫成虫发生期每晚18∶00—21∶00。监控数据显示虫害在阈值之下或者非水稻生长期内,应关闭杀虫灯的诱杀功能,以避免造成对天敌种群的伤害。

(四)生物农药

在监测的前提下,充分考虑防治指标、生物农药对有害生物控制作用和稻田生态平衡,确定采取生物农药进行应急防治,见表3-1。

表 3-1　水稻病虫害生物农药推荐表

防治对象	生物源农药每 667 m² 的用量	使用方法	注意事项
立枯病	1×10⁶ 孢子/g 寡雄腐霉可湿性粉剂 2 000～3 000 倍液苗床喷雾,或等量有效成分的其他剂型	喷雾	—
二化螟	16 000 IU/mg 苏云金杆菌悬浮剂 150～180 mL,或等量有效成分的其他剂型	喷雾	卵孵盛期至低龄幼虫盛期对稻株均匀喷雾。每 667 m² 用水量 30～60 kg
稻纵卷叶螟	16 000 IU/mg 苏云金杆菌悬浮剂 100～150 mL,或 400 亿活芽孢/g 球孢白僵菌水分散粒剂 25～35 g 制剂或等量有效成分的其他剂型	喷雾	生物农药要在下午 4 点以后施药,均匀喷雾。每 667 m² 用水量 30～60 kg
纹枯病	12% 井冈·蜡芽菌水剂 200～250 mL,或 1% 申嗪菌素悬浮剂 70 mL,或 10% 多抗霉素可湿性粉剂 1 000 倍液,或等量有效成分的其他剂型	喷雾	生物农药要在下午 4 点以后施药,均匀细喷雾。每 667 m² 用水量 30～60 kg
稻瘟病	2% 春雷霉素水剂 100 mL,或 1 000 亿活芽孢/g 枯草芽孢杆菌 5～10 g,或者 10% 多抗霉素可湿性粉剂 1 000 倍液,或等量有效成分的其他剂型	喷雾	预防穗瘟,在孕穗末期和破口期各施药 1 次。每 667 m² 用水量 30～60 kg
稻曲病	12.5% 井冈·蜡芽菌水剂 300 mL,或等量有效成分的其他药剂	喷雾	在破口期前 7～10 天和齐穗期各施一次药。每 667 m² 用水量 30～60 kg

二、小麦绿色防控技术措施

(一)农业防治措施

1.选用抗(耐)病品种

齐民 7 号、太麦 198,对赤霉病具有较好抗性;良星 99、山农 20、山农 31、济麦 22,对白粉病具有较好抗性;泰山 28、德抗 961、济南 18,对锈病具有较好抗性。

2. 适期播种, 合理密植

根据不同区域制定合理的播期, 适期晚播, 土壤温度低, 可以推迟病害冬前基数。根据小麦品种特性、播种时间和土壤墒情, 确定合理的播种量, 实施健身栽培, 培植丰产防病的小麦群体结构, 防止田间郁蔽, 避免倒伏, 减轻病害发生。东营市小麦适宜播期一般为 10 月 1 日至 10 月 10 日, 最佳播期为 10 月 3 日至 10 月 8 日, 如不能在适期内播种, 要注意适当加大播量, 做到播期、播量相结合。

3. 科学肥水管理

实行测土配方施肥, 适当增加有机肥和磷、钾肥, 改善土壤肥力, 促进植株生长。合理灌溉, 及时排水和灌水, 控制田间湿度; 及时清除田间杂草, 改善田间通风透光条件, 提高植株抗病性。

(二)物理防治措施

利用害虫的趋光性, 科学使用频振式杀虫灯诱杀金龟子、蝼蛄等地下害虫成虫, 降低虫口数量; 频振式杀虫灯单灯控制面积 $20\,000 \sim 33\,350\ m^2$, 连片规模设置效果更好。在小麦拔节后利用蚜虫对黄色的趋性在田间安插黄板, 每 $667\ m^2$ 麦田安插 $30 \sim 40$ 张。

(三)科学用药

重点抓好小麦播种期、苗期、返青至拔节期和穗期病虫害防治的关键时期。

1. 播种期

防治对象: 纹枯病、白粉病、蛴螬、金针虫、蝼蛄、蚜虫、麦蜘蛛等。

技术措施: 每 $100\ kg$ 小麦种子用悬浮种衣剂苯醚·咯·噻虫有效成分 $160 \sim 240\ g$, 或咯菌腈 $3.8 \sim 5\ g$ 等, 进行种子包衣或药剂拌种, 减少病菌侵染。

2. 苗期

防治对象: 麦蜘蛛。

技术措施: 有效成分联苯菊酯 $1.2 \sim 2\ g$, 或阿维菌素 $0.2 \sim 0.4\ g$。每 $667\ m^3$ 兑水 $30\ kg$ 均匀喷雾(下同)。

3. 返青至拔节期

防治对象: 纹枯病、蚜虫、麦蜘蛛等。

技术措施: 小麦纹枯病。每 $667\ m^3$ 用有效成分井冈·蜡芽菌(井冈霉素 4%、蜡质芽孢杆菌 16 亿个/g) $26\ g$, 或苯甲·丙环唑 $9\ g$, 或烯唑醇 $7.5\ g$, 或井冈霉素 $10\ g$。防治苗期蚜虫每 $667\ m^2$ 用有效成分吡蚜酮 $5\ g$, 或啶虫脒 $2\ g$, 或吡虫啉 $4\ g$, 兑水喷雾防治。

4. 穗期

防治对象:抽穗扬花期,以赤霉病、穗蚜为主,因地兼有锈病、白粉病、叶枯病、颖枯病、吸浆虫、灰飞虱、黏虫等。

技术措施:预防赤霉病,选择渗透性、耐雨水冲刷性、持效性较好且对白粉病、锈病有兼治作用的农药,如氰烯·戊唑醇、戊唑·咪鲜胺、丙硫·戊唑醇、咪鲜·甲硫灵、苯甲·多抗、苯甲·丙环唑、井冈·蜡芽菌、甲硫·戊唑醇、戊唑·多菌灵、60%多·酮和80%多菌灵可湿粉等,兑水喷雾预防。防治穗期蚜虫,可参照苗期蚜虫用药,兼治麦田灰飞虱。注意保护、利用天敌资源,当天敌与麦蚜比大于1∶150时,可不用药防治。吸浆虫,蛹盛期每667 m² 用啶虫脒7 g拌细土20 kg于傍晚均匀撒到麦田里。成虫盛期,每667 m²用有效成分高效氯氟氰菊酯0.35～0.55 g,兑水喷雾防治。防治小麦锈病、白粉病,每667 m²用有效成分烯唑醇8 g,或三唑酮10 g,或醚菌酯9 g,喷雾防治。

三、玉米绿色防控技术措施

(一)生态调控

合理调控土、肥、水、温、光、气等田间小气候,增强植株抗性,提高对自然环境和有害生物的抵抗能力,减轻危害。

(二)农业防控

1. 品种选择

选择抗病、优质、高产、耐贮运、商品性好、适合市场需求的优良品种。可采用郑单958、登海605、浚单20等品种。

2. 种子处理

选择包衣种子,使用药剂包衣或拌种预防多种病虫害,如粗缩病、丝黑穗病、苗枯病和地下害虫等。预防玉米粗缩病选用内吸性杀虫剂拌种或包衣,可用70%吡虫啉SE按种子量的0.6%拌种或包衣。可用2%立克秀或50%多菌灵按种子量的0.2%拌种预防丝黑穗病、苗枯病等真菌病害。

3. 科学肥水管理

深耕土壤。在播种前20～25 cm处深埋病虫残体,减少病虫发生。合理施肥。坚持配方施肥原则,以腐熟有机肥为主,氮磷钾合理配合,适当补施锌肥。重施底肥,早施提苗肥,猛攻穗肥的用肥方法。合理栽培,适期早栽,合理密植,地膜覆盖。采用玉米精播机械免耕贴茬精量播种,行距60 cm,播深3～5 cm。

耐密型玉米一般大田每亩播种 5 000 粒左右,示范田每亩播种 5 500 粒左右,攻关田每亩播种 500 粒左右。清洁茬后田园,将残茎叶、苞壳、玉米桩、杂草及地膜清理干净,集中进行无害化处理,保持田园茬后清洁。

(三)理化诱控

1. 杀虫灯诱杀

按 30～40 亩安装一盏频振式或太阳能杀虫灯,安装高度 1.8～2 m,在玉米出苗前开灯,诱杀小地老虎、玉米螟、大螟等趋光性害虫成虫,及时处理所诱捕虫子。

2. 糖醋毒液诱杀

按照糖∶醋∶酒∶水＝1∶4∶1∶16 的比例配制糖醋毒液,诱杀小地老虎及其他害虫成虫,注意及时清理害虫,一周更换一次糖醋毒液。

3. 色板诱杀

每 667 m² 悬挂 20～25 张黄色黏虫板,挂放高度以高于生长期玉米 30 cm 左右为宜,诱杀有翅蚜虫、蓟马等有翅成虫,注意观察黏虫情况,并及时更换黏虫板。

4. 信息素诱杀

在成虫羽化初期,按高于作物 30 cm,每 667 m² 挂放 1 个玉米螟信息素诱捕器,诱杀雄成虫,30 天更换一次诱芯,及时处理诱捕的虫子。

(四)生物防控

1. 保护利用自然天敌

保护和利用瓢虫、草蛉、食蚜蝇、捕食蜘蛛、鸟类、蛙类和蚜茧蜂等自然天敌,以虫治虫。

2. 科学用药

玉米螟卵孵化盛期至幼虫二龄期,可用 1.8％阿维菌素乳油、2 000～3 000 倍液苏云金杆菌或白僵菌喷施叶心。防治黏虫可用灭幼脲或杀灭菊酯乳油等喷雾。玉米红蜘蛛可用 1.8％阿维菌素乳油、2 000～3 000 倍液叶片正反面喷雾。玉米纹枯病病株率 3％～5％(发病初期)可用 2.5％井冈枯芽菌 300 倍液防治。幼苗 4～5 叶期,用 25％的三唑酮可湿性粉剂 1 500 倍液或 50％多菌灵 500～800 倍液进行叶面喷雾,预防和防治褐斑病。早期心叶,后期雌雄穗部发生蚜虫时,70％吡虫啉可湿性粉剂 10 000 倍液或 50％啶虫脒水分散剂 8 000 倍喷雾,据灰飞虱、甜菜夜蛾、棉铃虫的发生情况,选用氯虫苯甲酰胺等杀虫剂喷雾防治。

 # 水稻绿色高效栽培技术

随着工业化、城镇化进程加快，国内粮食需求呈刚性增长趋势，稳定粮食生产、保障有效供给仍是现代农业发展的首要任务。但是，在粮食生产发展过程中，过量使用农业投入品、农业面源污染、耕地质量下降、地下水超采等问题日益突出，导致资源约束持续加剧、环境承载压力不断增大，直接影响主粮安全；农业生产成本持续上涨，大宗农产品价格普遍高于国际市场，成本"地板"与价格"天花板"给农业可持续发展带来双重压力，粮食效益偏低问题突出，农业竞争力减弱；农田基础设施薄弱、灌溉水资源和农业投入品利用率不高的问题还没有得到根本改变。

在这样的背景下，全面启动粮食绿色增产攻关示范行动，既是提高粮食生产能力、保障国家粮食安全的必然选择，也是转变农业发展方式、促进粮食可持续发展的迫切需要，更是推动粮食增产增效、节本增效、提质增效、提升农业竞争力的重要途径。因此，在进行水稻种植的过程中，要不断提高水稻栽培技术，以绿色高产为战略核心，在保证水稻质量的基础上提高水稻产量，进而满足水稻生产需求。在这样的环境背景下，探究水稻绿色高产栽培技术及应用推广实践具有非常重要的现实意义。

第一节　水稻品种的选择

一、品种选择原则

水稻品种选择要遵循"五项原则"。

1. 合法性原则

该原则是指品种已经通过省或国家品种审定委员会的审定，并适宜在该地区销售、推广。

2. 适应性原则

该原则有两层意义：一是所选品种要适应当地的光、温等生态条件。例如，原产南方的晚熟籼稻，具有耐热、感光性强等特性，引到北方种植就要考虑积温能否满足其要求，是否能安全齐穗。二是所选品种要适应当地的生产条件和生产习惯。例如，施肥水平不高，习惯前期施肥多的地方，更适合分蘖力强的多穗型品种；施肥水平较高，但稻田肥力较差的稻田，更适宜大穗数品种；穗粒兼顾型品种适应各种条件的稻田。

3. 市场需要原则

现在，稻农种植水稻的主要目的不是自己食用，而是市场销售。所以，所选品种的稻米质量是否能得到市场认可很重要；否则，销售价格低，或者根本销不出去。

4. 抗病原则

选用抗病品种可以有效减轻病害危害。例如，选用抗病品种防治"稻瘟病""黑条矮缩病""条纹叶枯病"，会起到事半功倍的效果，大幅度节省防治成本。

5. 综合评价原则

每一个品种都有自己的优缺点，要充分了解品种的特征、特性，分析自己的栽培条件或栽培目的，按照"算账不吃亏"的原则，选择优点多、缺点少，效益好的品种。例如，甲品种高产，亩产 600 kg 稻谷，但米质不好，市场价格为 2.4 元/kg，亩产值 1 440 元；乙品种产量低，亩产 500 kg 稻谷，但米质好，市场价格为 3 元/kg，亩产值 1 500 元，两者比较显然还是选乙品种合适。

二、适宜东营市种植的品种类型

1. 中、晚熟品种

东营市水稻种植采取一熟单作，安全播种期为 4 月 10 日，安全齐穗期为 8 月 31 日，齐穗后有 40 天的灌浆成熟时间，理论上能满足全生育期 180 天的晚熟品种的生长发育。这是东营市的优势，为充分发挥这个优势，生产上应以晚熟品种为主，配合以中熟品种，形成中、晚熟品种搭配的品种布局。

2. 质量与产量相协调

东营市水稻生产受水资源的制约，总规模不可能太大，应走小而精、优质高效的路子。品种选育上应强调以质量优先，质量与产量相协调。

3. 穗粒兼顾或大穗型

东营市多为新稻田,土壤肥力不高,种植多穗型品种,往往因为亩穗数不足而产量不高。选用穗粒兼顾型或大穗型品种,可通过提高施肥水平,更容易取得高产。

第二节 育苗技术

一、播种期的确定

水稻播种期通常由当地的安全播种期、安全齐穗期决定。

(一)安全播种期

春稻育秧,播种过早,遇到低温、寒流,会造成烂秧死苗;播种过晚,浪费光热资源,缩短水稻生长发育期,造成减产,所以,必须掌握安全播种期。水稻正常出苗温度为 15 ℃,露地育秧,在日平均气温稳定上升到 10~12 ℃时播种,秧畦白天有 5 小时在 15 ℃以上,能够满足秧苗正常出苗要求。将春天日平均气温稳定回升到 10~12 ℃时的日期定为水稻安全播种期。东营市一般以 4 月 10 日为安全播种期。

在具体播种时,还要注意天气预报,掌握在"冷尾暖头",抢晴播种,这样,播种后只要有 3~5 个晴天,幼根扎下后,再来寒流,秧苗就不容易受害了。

(二)安全齐穗期

对于北方稻区,水稻播种期必须和安全齐穗期相照应,以防抽穗扬花期遇到低温冷害,影响开花受精,导致大量空秕。水稻安全齐穗期的指标为日平均气温不低于 20 ℃,日最高气温不低于 23 ℃,田间空秕率不超过 30%。东营市以 8 月 31 日为水稻安全齐穗期。

例如,如果一个品种的生育期为 160 天,齐穗后的成熟期为 40 天,则其最晚播种期为 4 月 30 日。

二、大田育秧

(一)秧田整地

秧田要选择地势平坦、背风向阳、灌溉方便、土质肥沃、含盐量小于 0.1%,近邻本田之处,并要结合整地,施足底肥。秧田选好后,最好固定作为秧田,不要每年变动,以便于培肥秧田。

底肥施用要掌握"腐熟、速效、适量、浅施"的原则。第一、二年的秧田,最好每平方米施微生物有机肥(酵素有机肥)5 kg、磷酸二铵20 g、尿素5 g。将肥料均匀撒施秧田后,深翻10 cm,翻3遍,使之与肥土充分混合。

秧田整地要求既要透水,以利于种子发芽出苗;又要通气,以便秧苗扎根生长,利于防止烂秧,培育壮秧。

将秧田整成通气秧田的关键是改水耕水做为干耕干做,即先把田耕耙整细,起沟做畦,施用底肥,把畦面泥块打碎耙平,然后于播种前3～5天放水浸泡,再进一步把畦面整平抹光。要求畦宽150～170 cm(或视塑料薄膜幅宽而定),沟深26 cm,达到"上糊下松、沟深面平、肥足草净"的要求。

(二)种子处理

1.晒种

浸种前将稻种晒2～3天,一般选择温暖晴朗的天气,将种子放置于背风向阳处,晒种时间为每天9:00—15:00,以增强种皮的透性,提高酶活性,促进发芽,提高发芽率和发芽势。

2.选种

一是风选,利用簸箕等工具,将草籽、草叶和空壳等杂物从种子中分离;二是溶液选,主要有盐水选、泥水选硫酸铵水选种。无芒粳稻采用比重为1.11～1.13的泥浆水或硫酸铵水;籼稻或有芒粳稻采用比重1.05～1.10的泥浆水或硫酸铵水。选出的好种子要用清水冲洗干净。

3.浸种

将选好的种子,用16%的咪鲜胺·杀螟丹400～600倍液,浸种80小时以上(4月中旬水温10 ℃时),可预防干尖线虫病、恶苗病。在浸种期间每天翻动一次,保证种子能够吸收到充足的水分。

(三)催芽

将用药剂浸好的种子捞出控干(不用清水冲洗)进行催芽,有90%左右的种子露白时催芽结束。

催芽的要求是,"快、齐、匀、壮"。"快"是指在3天内催好芽;"齐"是指发芽率达到90%以上;"匀"是指芽长整齐一致;"壮"是幼芽粗壮,根、芽比例适当,颜色鲜白,气味清香,无酒味,无霉粒。

催芽过程分为高温破胸(露白)、降温(增湿)催芽、摊晾炼芽三个阶段。

高温破胸(露白)。自种谷上堆至胚突破谷壳露出白点时,称为破胸阶段。此阶段要求谷堆迅速升温,粳稻要求达到 35 ℃,不超过 38 ℃;籼稻要求 38 ℃,不超过 40 ℃。在上述温度下,籼稻 8～10 小时,粳稻 10～12 小时即可全部破胸。在早春低温季节催芽时,为达到高温破胸要求,常在种谷上堆前,用 45 ℃温水淘拌 2～3 分钟,然后趁热上堆。种子堆下垫稻草,上盖覆盖物保温。

降温(增湿)催芽。自种谷破胸至谷芽伸长达到播种要求为催芽阶段。根据"冷长芽、热长根;湿长芽、干长根"的经验,在破胸后,种子堆宜保持 25～30 ℃的温度,超过 35 ℃易发生高温烧芽。在齐芽后要适当喷水降温和保持种谷含水量,增加翻拌次数,以促进幼芽生长,抑制幼根过度伸长。

摊晾炼芽。在谷芽催好后(芽长不超过 2 mm),置于室内摊晾芽半天再播种,这有利于增强谷芽对播种后的自然环境的适应能力。催芽后,如果遇到寒潮侵袭或其他原因不能及时播种时,更需摊放晾芽,控制根芽生长。

(四)播种

当秧床上的水渗下,床面呈糊烂状态时,即可进行播种了。将称量好的种子分 2～3 次均匀撒播于床面,然后,用平板锹将种子抹进床泥中,使之含七露三。用细土在种子之上覆盖 0.5～1 cm,千万不要盖厚了,达到喷水不露籽的程度即可,用 0.012 mm 的膜,将秧床盖严。膜离床面应有 25 cm 左右的空间。

一般来说,培育秧龄 15 天以内的小苗,亩秧田播种量为 200 kg 左右;培育秧龄 20 天以内的小苗,亩播种量为 150 kg 左右;培育秧龄 30 天左右的大苗,亩播种量为 60～70 kg。如果培育 40 天以上的老壮秧,亩播种量以 30～40 kg 为宜。

(五)秧苗期管理

1. 密封期

从播种到一叶一心期为薄膜密封期。此期要求创造高温、高湿条件,促进迅速伸根立苗。膜内温度宜保持 30～35 ℃,若达到 35 ℃时,则需打开薄膜两头,通风降温,防止烧芽,待温度下降到 30 ℃时,再行封闭。在密封期间,一般不灌水。

2. 炼苗期

从一叶一心到二叶一心为炼苗期。此期膜内温度宜 25～30 ℃,当晴天上午膜内温度接近适温时,就要通风;如遇 13 ℃以下低温天气,仍应密封。炼苗要"两头开门,侧背开窗;日揭夜盖,最后全揭",使秧苗逐步适应外界条件。白天通风时应在畦面上灌浅水,晚上盖膜时再退掉。一叶一心时,可结合白天灌水,每平方米施尿素 8 g,作为"断乳肥"。

3. 揭膜期

从二叶一心到三叶一心为揭膜期。当秧苗经过 5 天以上炼苗,苗高 6～10 cm,秧龄 2.5～3 叶,日平均气温稳定上升到 13 ℃,没有 7 ℃以下的低温出现时,可揭膜。揭膜前在畦面上必须灌深水护苗,以防温、湿度变幅过大,造成青枯死苗。三叶一心后,畦面可经常保持 2～3 cm 浅水层,起秧前 5～7 天每平方米施尿素 8 g,作为"送稼肥"。

三、工厂化盘育秧

盘育秧可培育适宜机插的标准化秧苗,提高插秧劳动效率,减轻劳动强度;提高插秧质量,缩短缓苗期,增加水稻产量。更重要的一点是,采用水稻盘育秧技术,可以实现工厂化集中育秧,种稻者可以变购种为购苗,省去了育秧的麻烦,是今后水稻生产的发展方向。其技术要点如下:

(一)种子准备

种子收获后,要及时进行以下处理,以备第 2 年使用。

1. 种子烘干

种子收获后,利用烘干设施,将种子含水量降到安全含水量以下。籼稻水分不高于 13.0%,粳稻水分不高于 14.5%。

2. 脱芒

为使稻种包衣均匀,播量均匀,将稻种用脱芒机去芒。

3. 选种

可采用机械,运用风选或重力选原理,将不饱满的种子剔除。

4. 包衣消毒

将选出的饱满种子用水稻种子包衣剂包衣,达到消毒的作用。

(二)育秧基质准备

东营市土壤盐碱,盘育秧使用水稻育秧基质,实行全基质育苗。基质的容重以 0.8～1 g/cm³ 为宜,以每盘 3.5 kg 的标准,准备基质。

(三)秧盘准备

以每亩本田 30 盘准备秧盘。选用的秧盘应与插秧机相配套,通用规格为 58 cm×28 cm×2.8 cm。

(四)种子处理

1. 晒种

浸种前,选晴好天气将种子晒 1～2 天。

2. 破胸

采用蒸汽控温室,温度控制在 35～38 ℃破胸;破胸率达 90％以上时,降温至 20～25 ℃晾种。

(五)播种

采用机械化精量播种。

1. 每盘播种量

每盘播种量为 110～130 g。

播种前,用 10～20 只空盘试播,取其中正常播种的 5 盘种子称重,计算平均每盘播种量。根据试播情况调整播种量,确保达到要求的播种量。

2. 调节铺土量

盘内底土厚度 18～20 mm,要求铺土均匀、平整。

3. 调节洒水量

要求秧盘上底土表面无明水,盘底无滴水,播种覆土后能湿透盘土。

4. 调节覆土量

覆土厚度为 3～5 mm,要求覆土均匀,不露籽。

5. 摆盘

将播种覆土后的秧盘运到温棚中。留出管理的通道,依次将秧盘平铺整齐,盘与地面接触要严密,盘与盘间的飞边重叠。摆盘后喷水,湿透盘土,但不积水。

(六)秧苗期管理

1. 水分管理

采用微喷设备浇水。微喷浇水近似雾化喷发,以微粒状渗入盖土,可使水温自然提升 2～3 ℃,对种子发芽有增温作用,促进早生快发,还可使秧盘覆土渐层湿润,避免喷壶水柱式疾速喷而造成的覆土板结。播种出苗期,封闭大棚,保温、保湿,促进出苗;出苗后见干浇水,浇则浇透。喷水的时间以水温与棚温最接近的早晨为好。

2. 温度管理

播种出苗期,棚内温度控制在 30～32 ℃,可促进种子提早出苗,实现苗齐、苗壮;秧苗一叶一心期后,要加强通风炼苗,决不能高温徒长,温度不宜超过25 ℃。秧苗二叶一心后,随着气温的升高,逐渐放大通风口,让秧苗适应外界自然条件,直至昼夜通风或揭去棚膜。

3. 肥料运筹

一叶一心期施"断乳肥",以每盘4～5 g硫酸铵,结合喷水均匀喷施;移栽前3～5天施"送嫁肥",以每盘4～5 g硫酸铵,结合喷水均匀喷施。

第三节　稻田整理

传统稻田整地包括秋季干耕与春季水整。

一、秋季干耕

(一)秋耕的具体作用

秋季耕翻能够冻垡、晒垡,熟化土壤,促进土壤微生物的活动,加速土壤养分分解;释放、氧化土壤中产生的还原性有毒物质;切断土壤毛细管,控制返盐;翻压秸秆、杂草和减少病虫害基数。另外,还能够争抢农时,为下一年早育苗、早灌田、早插秧创造有利条件。

(二)秋耕的方法

1. 秋耕的作业时间

为了延长晒垡时间,秋整地时间应尽量提早。当土壤耕层的含水量下降到20％左右,耕垡不起泥条时,抓紧秸秆还田,施足有机肥,开始秋耕作业。

为了提早进行秋整地,在水稻收割前要彻底疏通各级排水渠道,降低地下水位,增强土壤渗透性,加速减少土壤含水量,并要及时腾地、晾地,为及时秋整地创造条件,做到早干早耕,提高耕地质量,加快耕地速度,力争在大地封冻前全部耕完。

2. 秋耕地的深度

稻田秋耕深度要因地制宜,具体情况具体对待。

排水良好、肥力较高的老稻田要适当深耕,以耕深18～22 cm为宜。一方面,此深度可保证秸秆残茬有效掩埋,熟化耕作层,为水稻高产创造良好的基础条件。另一方面,高产水稻的根系主要分布在0～18 cm的土层内,占总根量的90％以上,耕深18～22 cm完全能够满足高产水稻根系发育要求。

沙壤地、旱改水地，要适当浅耕，以耕深 12～15 cm 为宜。因为沙壤地和旱改水地土壤渗漏性强，如耕得过深，会破坏犁底层，加重漏水、漏肥。

重盐碱地和新开荒地，必须浅耕，以耕深 10～12 cm 为宜。因为浅耕能使表层土壤风干晒透，有利于脱净盐碱，创造出 10 cm 左右的土壤淡化层，保证插秧后正常缓秧；反之，如果耕得过深，耕层盐碱淋洗不净，插秧后缓苗慢，甚至很难保苗。

3. 秋耕不耙，以利冻垡、晒垡

(三)秋干耕的质量要求

同一块田内耕深要一致，不出墒沟，不起高垄，耕后田面平整；要扣垡严密，紧密衔接，到头到边，不重不漏。

二、春季水整

(一)春季水整地的作用

泡田，洗盐，耙、耖，搅浆、整平等措施，为插秧及以后的秧苗生长、大田管理创造了良好的土壤条件。

(二)春季水整地的方法

1. 淡水洗盐

在秋耕晒垡的基础上，于插秧前 7～10 天，先干耙 1～2 遍，或直接不耙，然后灌水将土垡淹没，泡田 2～3 天后，将水排出田外，称为洗盐。试验证明，每一次洗盐的脱盐率不同，第 1 次洗盐的脱盐率高，第 2 次脱盐率较低，第 3 次脱盐率更低。所以，轻盐渍土(以氯化钠为主的盐含量＞2%)可以不洗盐，中度盐渍土洗盐 1～2 次，重度盐渍土洗盐 2～3 次。每次灌水量以 200 mm 为宜。

2. 施肥、泡田

在洗盐过后，施足底肥，灌水 150 mm 泡田。

3. 起浆、整平

泡田 2～3 天后，用水田搅浆平地机(配套滑切刀)平地，直到打碎泥土，将秸秆切碎，翻入泥浆中，使稻田起浆好而平为止。

4. 保水沉淀

稻田起浆、整平后，保水 5 cm 左右，沉淀泥浆，等待插秧。

（三）春季水整的质量要求

稻田通过春季水整地，达到"平、透、净、齐、深、匀"，沉淀时间适度，含盐量降到 0.15% 以下的要求。

"平"。格田内高低差不大于 3 cm，做到灌水棵棵到，放水处处干。

"透"。将耕作层耙透，使稻田具有足够的埴土层，利于根系发育。

"净"。捞净格田植株残渣。

"齐"。格田四周平整一致，池埂横平竖直。

"深"。整地深浅一致，搅浆整地深度 12～15 cm。

"匀"。全田整地均匀一致，尤其要注意格田的四周四角。

"沉淀时间适度"。一般搅浆整平后，沙质土壤沉淀 1 天，壤质土壤沉淀 2 天，黏质土壤沉淀 3 天。判断沉淀时间是否适度的方法是田面指划成沟慢慢恢复是最佳沉淀状态，此时正适宜插秧；指划不成沟，说明沉淀时间不够，不能插秧；指划成沟，但不恢复，说明沉淀过度，二者都保证不了插秧质量。

第四节　插秧

一、适期早插

在培育适龄壮秧和精细整地的基础上，必须做到适期早插秧，才能早返青、早分蘖，充分利用生长季节，延长本田营养期，实现早熟高产。

一般来说，若要水稻秧苗正常返青需要日平均气温 14 ℃以上，因此常将日平均气温 14 ℃的日期，称为水稻安全插秧期下限。东营市土地盐碱，日平均气温稳定上升到 18 ℃时（5 月上、中旬）插秧更为稳妥。

如果是麦茬稻，此时气温已高，必须抢时早插，否则缩短本田营养生长期，难以高产。据研究，早熟、早中熟、中熟、中晚熟品种从插秧到出穗分别需要 40 天、50 天、60 天、70 天以上的时间。一个品种在当地的插秧适期的上限，就是当地安全齐穗期减去该品种所必需的本田营养生长期。

东营地区，安全齐穗期是 8 月 31 日，中晚熟品种的插秧期上限就是 6 月 20 日。

二、插植规格

(一)确定亩基本苗

确定每亩适宜插植苗数要把握好"三个相关""两个原则"。

1."三个相关"

稻田肥力与插植苗数相关。"肥田靠发,瘦田靠插。"从多数情况来看,肥力瘠薄的低产田块,栽插苗数相当于适宜穗数的80%左右;肥力较高的中产田块,栽插苗数相当于适宜穗数的60%左右;肥沃的高产地块,栽插苗数相当于适宜穗数的40%左右。如果种植杂交稻,则应相应减少50%的栽植苗数。

品种特性和每亩适宜苗数相关。生育期长的品种分蘖期长,分蘖穗比例高;多穗型品种,分蘖势强,都应减少插植苗数,多争取些分蘖穗。相反,生育期短的品种,分蘖时间短;大穗型品种分蘖势弱,就必须增加插植苗数,多依靠主茎成穗。

插秧早晚与每亩适宜苗数相关。插秧时间早,本田有效分蘖时间长,则可少插一些苗;反之,插秧时间晚,本田有效分蘖期短,则可多插一些苗。

2."两个原则"

无论哪种情况,均应掌握两个原则:一是栽插苗数不宜超过适宜穗数;二是栽插苗数要保证在拔节前15天左右,全田总茎数达到适宜穗数。而亩适宜穗数主要是由品种特性决定的。另外,各地气候、土质不同,水稻高产适宜的亩穗数也有较大差别,有随着纬度升高而增加的趋势。

(二)每穴插植苗数

每穴插植苗数少,个体间互相影响小,通风透光条件好,有利于个体发育;但过少的穴苗数,会大幅度增加插秧的用工或多耗动力,也没有必要。一般认为,常规稻每穴插5~6苗比较适宜,杂交稻每穴插3~5苗比较适宜。

(三)亩适宜穴数

亩穴数等于亩基本苗除以每穴苗数。例如,一块高产稻田,采用晚熟、穗粒兼顾型常规粳稻品种,该品种要求亩穗数为30万穗,其适宜亩插植苗数为12万,以每穴插植5~6苗计,则亩穴数为2万~2.4万。

(四)行穴距配置

亩穴数确定好后,如何在田间排列,才能既有利于田间管理,又有利于通风

透光,发挥密植的优势呢?目前在生产上有三种方法:

1.方形插植法

行、穴距相等或接近相等的插植方法称方形插植法。这种方法适宜于密度较小,亩穴数较少的稻田。在低密度条件下,行、穴距呈方形配置有利于稻株向四周均衡发展,有利于个体发育,也便于中耕。但当密度较高时,如粳稻亩穴数超过 2 万,方形方法将会封行过早,反而不利于稻株健壮生长。

2.长方形插植法

行距大于穴距的插植方法称长方形插植法。这是一种比较常见的、适应性广的插植方式。中、低产田宜采用 18~22 cm 的行距、10~12 cm 的穴距;高产田宜采用 25~30 cm 行距、10~12 cm 的穴距。近年来,不少地区采用宽行距、窄穴距的栽插方法。

3.宽窄行插植法

将行距分为宽窄两种的插植方法称宽窄行插植法。这种插植法仅在高度密植稻田中应用。它通过宽行提高通风透光性,通过窄行提高密度。据中国农业科学院研究,在每亩都插 4 万穴的情况下,采用 16 cm×10 cm 的长方形插植法,即行距 16 cm、穴距 10 cm 的插植法,在拔节期间基部光照强度仅为自然光照强度的 19.4%;而采用(23+10)cm×10 cm 的宽窄行插植法,即大行 23 cm、小行10 cm、穴距 10 cm 的插植方法,在拔节期间基部光照强度为自然光照强度的41.5%。但这种插植方法比较费工,且管理不便。

三、插秧质量要求

水稻插秧质量要求概括为"浅、匀、直、满"。

(一)坚持浅插

"深不过寸,浅不漂秧,半寸为宜",这是对插秧深度的要求。秧苗发根分蘖需要较高的温度和充足的空气。据观察,表层 3.3 cm 处土温比 6.7 cm 处高2 ℃左右,如插秧过深,低蘖位的分蘖芽处于土温低、通气性不好的土层中,不能萌发而休眠,分蘖节的节间便伸长,形成"地中茎",造成分蘖位上移,分蘖发生晚;而且养分过多消耗于"地中茎"生长,秧苗发根力差,常导致僵苗不发。

(二)插秧要匀

"行距、穴距均匀,每穴苗数均匀,秧苗大小一致",这是对插秧"匀"字的要求。为确保插秧质量,应采用"拉线标记"插秧;插秧前观察、计算好大、小秧苗可插面积,将大、小秧苗分开插。

(三)插秧要直

"秧要插得挺",这是对插秧"直"字的要求。不能插成风吹就倒的"顺风秧",也不能插成秧苗横着的"烟斗秧",更不能执秧向前,插成"拳头秧",否则,灌水后易漂秧。

(四)插秧要满

"插秧到边到角,不浪费稻田面积",这是对插秧"满"字的要求。

四、机械插秧

(一)大田质量要求

机插水稻采用中、小苗移栽,耕整地质量的好坏直接关系到机械化插秧作业质量的高低。机插水稻要求田块平整,田面整洁、上细下粗、细而不糊、上烂下实、泥浆沉实,水层适中。

综合土壤的地力、茬口等因素,可结合旋耕作业施用适量有机肥和无机肥。

整地后保持水层2~3天,进行适度沉实和病虫草害的防治,即可薄水机插。

(二)秧块准备

插前秧块床土含水率40%左右(用手指按住底土,以能够稍微按进去为宜)。

将秧苗起盘后小心卷起,叠放于运秧车,一般堆放2~3层为宜,运至田头应随即卸下平放(清除田头放秧位置的石头、砖块等,防止黏在秧块上,打坏秧针),秧苗自然舒展;并做到随起、随运、随插,避免烈日伤苗。

(三)机械准备

插秧作业前,机手须对插秧机做一次全面检查调试,各运行部件应转动灵活,无碰撞、卡滞现象。转动部件要加注润滑油,以确保插秧机能够正常工作。

装秧苗前须将空秧箱移动到导轨的一端,再装秧苗,防止漏插。秧块要紧贴秧箱,不拱起,两片秧块接头处要对齐,不留间隙,必要时秧块与秧箱间要洒水润滑,使秧块下滑顺畅。

按照农艺要求,确定株距和每穴秧苗的株数,调节好相应的株距和取秧量,保证每亩大田适宜的基本苗。

根据大田泥脚深度,调整插秧机插秧深度,并根据土壤软硬度,通过调节仿形机构灵敏度来控制插深一致性,达到不漂不倒,深浅适宜。

选择适宜的栽插行走路线,正确使用划印器和侧对行器,以保证插秧的直线度和邻接行距。

(四)作业质量

机械化插秧的作业质量对水稻的高产、稳产影响至关重要。作业质量必须达到以下要求。

漏插:指机插后插穴内无秧苗。漏插率≤5%。

伤秧:指秧苗插后茎基部有折伤、刺伤和切断现象。伤秧率≤4%。

漂秧:指插后秧苗漂浮在水(泥)面。漂秧率≤3%。

勾秧:指插后秧苗茎基部90度以上的弯曲。勾秧率≤4%。

翻倒:指秧苗倒于田中,叶梢部与泥面接触。翻倒率≤4%。

均匀度:指各穴秧苗株数与其平均株数的接近程度。均匀度合格率≥85%。

插秧深度一致性:一般插秧深度为0～10 mm(以秧苗土层上表面为基准)。

第五节　本田期管理

一、水层管理

插秧后保持见泥见水半天,然后将水层加深至3～5 cm,以护秧返青。返青后将水层降至1.5～3.3 cm,以促分蘖。达到有效分蘖终止期,或田间亩茎数达到适宜亩穗数的1.2倍左右时,进行排水晒田,限制秧苗对肥水吸收,达到适当"落黄"的长相,控制无效分蘖发生。拔节长穗期宜经常保持4～6 cm的水层,以护穗。在抽穗前3～5天,穗分化全部完成后,适当排水轻晾田,以利于下一步抽穗灌浆。抽穗扬花期保持一定的水层,以调节温度,提高空气湿度,促进开花授粉。灌浆结实期干干湿湿,以湿为主;进入蜡熟期,干干湿湿,以干为主;后期不宜断水过早(一般收割前4～5天排水晒田,最早不超过10天),以护根保叶,促灌浆。

二、化肥运筹

(一)施用量确定

1. 氮肥用量

一般根据以产定肥的原则确定氮肥施用量。

$$某种氮肥施用量 = \frac{目标产量 \times 单位产量需氮量}{该氮肥含氮量}$$

一般每生产 100 kg 稻谷需要氮素 2 kg,尿素含氮量为 46%,根据公式,亩产 500 kg 稻谷,需要亩施尿素 22 kg。

2.磷、钾、锌肥用量

在淹水环境下,磷、钾、锌等矿质元素的有效性极大地提高,水稻生长发育所需要的这些元素主要靠土壤供给。磷、钾、锌等肥料的施用量不能像氮素一样计算,而是本着"够用"的原则,通过土壤有效养分的测定,根据水稻对这一养分的丰缺指标,来确定是否需要施用及施用的量,具体见表 4-1。

表 4-1 水稻营养元素丰缺指标及相应的施肥量

	丰缺分级	极高	高	中	低	极低
磷素	土壤速效磷/(mg·kg^{-1})	>30	20~30	10~20	5~10	<5
	亩施 P_2O_5/kg	不施	不施	2.7	3.6	4.5
钾素	土壤速效钾/(mg·kg^{-1})	>160	100~160	60~100	30~60	<30
	亩施 K_2O/kg	不施	5	8	12	15
锌素	土壤速效锌/(mg·kg^{-1})	>2	1.5~2	1~1.5	0.5~1	<0.5
	亩施 $ZnSO_4$/kg	不施	不施	0.2%溶液 50 kg 喷施	1.5	2

(二)肥料如何分配

1.氮肥的分配

提倡使用控释肥料。如果采用控释氮肥,可将水稻全生育期所需氮肥,结合搅浆平地,一次性做基肥施入稻田,省工、省力。

如果采用常规速效肥料,应该采用分期施肥法。各期施肥比例如下:

对于早熟品种,采取"前促"施肥法。这种方法的特点是,集中前期施氮,确保足够的亩穗数。一般氮肥做基肥的比例达 80% 以上,并早施、重施分蘖肥,酌情施穗肥或不施。

对于中熟品种,采取"前促、中控、后补"施肥法。这种方法的特点是,前期早施分蘖肥,确保足够穗数;中期晒田控氮,控制无效分蘖,拔节前后 10 天内控制氮肥施用,预防倒伏;后期补氮,增加穗粒数。一般氮肥做基肥的比例达 60%~70%,分蘖肥 10%~20%,穗肥 20% 左右。

具有 6 个以上伸长节间的晚熟品种,采取"前稳、中促、后保"施肥法。这种方法的特点是在确保足够穗数的基础上,主攻穗大、粒多、粒饱。一般氮肥做基肥的比例为 50％左右,分蘖肥 15％,壮秆拔节肥 15％,保花肥 20％。

如果稻田肥沃,对于中、晚熟品种,限制产量提高的因素已经不是亩穗数不足,也不是亩颖花数不足,而是颖花败育的问题,所以应减少前期氮肥施用比例,增加后期氮肥比例,采取基肥占 35％,壮蘖肥占 15％,保花肥占 25％,粒肥占 25％的施肥方法。

2.磷、钾、锌肥的分配

结合搅浆平地作业,将磷、钾、锌肥一次性做基肥施入稻田。

三、中耕

分蘖期追肥后,要紧接中耕,以使肥土混合,释放土壤中的有毒气体,增加稻田土壤氧含量,促进分蘖发生。

四、化控

对于高产稻田,可于拔节前喷施多效唑(MET)100～300PPM,可显著降低株高,减少倒伏。

五、病虫草害防治

参见本章第七节。

六、适时收获

水稻适宜收获的时间是蜡熟末期至完熟初期。这时谷粒大部分变黄色,稻穗上部 1/3 枝梗变干枯,穗基部变黄色,全穗外观失去绿色,茎叶颜色变黄。但在水肥过大情况下,或因品种特性不同,会出现谷粒虽已变黄,部分茎叶仍呈绿色的现象,应该及时收割。

第六节　水稻直播技术

水稻直播栽培是省去了在秧床上育秧的环节,将稻谷直接播种在大田中的水稻栽培方式。这种栽培方式,省工、省力、省成本,有利于提高劳动生产率,适于大面积发展水稻生产,为农业人口少,机械化与化学化程度高的国家所接受。

但直播稻存在着田间保苗率低,田间杂草多,生育后期易倒伏,产量相对较低等问题,需要采取对应的措施予以解决。

直播栽培有水直播、旱直播技术两种方式。

一、水直播技术

在灌水整地以后,田面保持水层或泥浆直接播种的方法称水直播。其优点是:耕层土壤膨软,田面容易平整;有利于抑盐保苗和防止田底渗漏;整地省工,生产成本较低。其缺点是:易受绵腐病和稻摇蚊危害。在土质黏重,地势低洼,排水困难的稻田,或播种季节雨水较多时,多采用水直播。其技术要点如下:

(一)精细整地

进行精细整地是保证全苗夺取高产的基础。要通过耕、耙、平,增施腐熟有机肥等措施,达到耕层深厚,土壤膨软,地面平坦,"高差不过寸,寸水不露泥"的要求。

(二)灌水诱草水整平

在播种前 7~10 天浅灌水,诱杂草萌发,然后用机械水耙水平,耖平耙细,达到以水诱草,以土灭草,提高平地质量的效果。

(三)选用适于水直播的水稻品种

一般认为适宜水直播的水稻品种在较低的温度下能较快地发芽出苗;苗期生长速度快,形成通气组织快;通气组织发达,在较深的水层下能够良好生长;根系发达,茎壁厚,茎基部坚实,茎秆较矮,耐肥抗倒;抗盐碱,抗病虫害;早熟高产。

(四)种子处理

播种前,要进行稻种精选、晒种、消毒、浸种、催芽等工作。浸种要浸透,使稻种重量增加,防止播种时稻谷漂浮水面;催芽以破胸为度,避免机播时伤芽;芽谷用 1 000 倍的移栽灵浸泡 10 分钟。萌晾 4~5 小时就可以播种了。

(五)播种

1. 适期播种

一季春稻一般在日平均温度稳定上升到 14 ℃以上时播种。

2. 播种量

根据种子发芽率、土地情况、播种方法、田间成苗率综合考虑播种量。一般亩播种量为 10~15 kg。

3. 播种方式

直播有撒播、点播和条播三种方式。撒播种子分布不匀,稻株通风透光条件不良,不便于田间管理;点播比撒播省种,也便于管理,但粒数多时,常使种子密集,秧苗强弱不一,有的甚至不生分蘖,而粒数少时,又会造成缺苗断垄;条播比点播适宜于机械化,适于密植,也适于中耕除草及其他田间管理,所以水稻直播以条播为主。一般行距22～25 cm,播幅10 cm左右。机械播种时稻田表面保持瓜皮水,以利于播种机行走。

4. 播种出苗至幼苗期水分管理

播种后为防止返盐,气温激变,缓和昼夜温差的影响,抵制杂草滋生,一般保持3 cm左右水层(如果稻田盐碱程度轻,在无水层的湿润状态下,稻谷发芽率更高);待稻田现青后,排水晒田3～5天(大雨天不能晒田,以免大雨冲刷幼苗,引起严重缺苗),以促进根部发育;以后至分蘖期浅水勤灌、勤排(盐碱地夜间晾田,白天灌水,以预防返碱死苗。遇低温时夜间灌水,白天排水;遇高温时夜间排水,白天灌水);4叶以后经常保持浅水层(同插秧田),促进分蘖。

二、旱直播技术

旱整地,播前不灌水,而将稻谷直接播种于稻田,称为水稻旱直播。该技术可以抗旱播种,节约用水。但整地不易平坦,杂草较多。其主要技术要点如下:

(一)精细整地

达到田面平坦,土块细碎,松软适宜的要求,是旱直播成功的关键。整地时要抓住易耕期,翻、耙、耢连续作业,以免土壤被风吹干后,不易细碎。

(二)因地制宜,采用适宜播种方法

1. 浅覆土播种,播后灌水

该法多在水源充足、杂草较少的条件下采用。该方法要求种子覆土深度1 cm左右,不得超过2 cm,为了播得浅,可在播种机开沟器上安装控制圈;如果土壤过松,可在播前镇压一次。

2. 深覆土播种,出苗后灌水

该法多在盐碱程度轻、土质疏松、保墒良好、杂草少、水源不足的地方采用,在墒情差或重盐碱地不宜采用。该法一般要求播深3 cm左右;土质黏重、含水量高的稻田可播2 cm左右;土质轻、含水量少的稻田可适当加深至4 cm左右。若播种过深,遇雨后影响出苗,可用短齿耙除土壳或搂去厚土。

3. 适时早播，合理密植

旱直播的播种期比水直播早一点，在日平均气温稳定在 12 ℃以上时可开始播种。一般亩播种量 10～15 kg，每平方米稻谷 600～900 粒。采用宽幅条播机播种，以行距 25～30 cm，播幅 8～10 cm 较好。

4. 播种出苗至幼苗期水分管理

此期水分管理因播种方法而不同。

浅覆土播种的，播种后即灌溉，第一次灌水可达 5～7 cm，水渗下、幼芽顶土出苗后，适当控水，促其扎根；两叶一心至分蘖，浅水勤灌勤排；分蘖开始后保持浅水层，促分蘖。深覆土播种的，第 1 次灌水应在出苗后尽量提早，以利幼苗生长、抑制杂草发生。初灌时一定要缓灌、小灌，不保持水层，以使幼苗从旱生状态逐渐适应水生状态。如果开始灌水过急，幼苗往往有变黄现象，此时应立即撒水，并适当追肥，使幼苗恢复健康。

三、田间管理

（一）匀苗补苗

直播稻常因整地质量较差，播种不匀，水层深浅不一等原因，造成出苗不齐、稀密不匀、苗数不足等现象。首先，在播种时要边播种、边查检、边补救；其次，在齐苗后要进行全田检查，于稻苗 3～4 叶时，结合中耕除草，进行匀密补稀，消灭缺苗断条现象，保证计划苗数。匀苗时，条播的播幅内要求中间稀、两边密；点播的每穴苗数要求适当，分布均匀；撒播的要求掌握"二寸不拔，三寸不补，四寸补一株"的原则。间苗时，要根据密度要求去劣留强，去病留健，去中间留边苗。补苗时，要选择壮苗，间密插稀，随拔随栽，使补后返青快，生长均匀整齐。

（二）合理施肥

基肥要施用充分腐熟的有机肥料，以免在水田腐烂时产生过多的还原性物质而伤害稻苗；为了满足水稻幼苗期营养需要，施用基肥时应搭配适量速效氮磷钾；基肥宜采用全层施肥，使耕作层下部养料能诱使稻根往下生长。追肥要少量多次，苗期追肥宜早不宜迟，断乳肥在两叶一心期追施。以后追肥同插秧田。

（三）水层管理

水稻进入分蘖期及以后的水层管理同插秧田。

（四）杂草防治

参见本章第七节直播稻田杂草防治的内容。

（五）病虫害防治

参见本章第七节病虫害防治的内容。

第七节　水稻病虫草害防治

一、水稻病虫害防治

实行预防为主，多措并举，综合防治的植保策略。

（一）稻鸭共养防治病虫害

在水稻分蘖中后期至水稻抽穗前，每亩稻田放养 15 日龄鸭子 12～15 只。在鸭子养殖与放养过程中，通过鸭子的取食和正常活动，有效缓解水稻纹枯病、稻飞虱等病虫害的发生。

（二）利用性引诱剂诱捕害虫

在二化螟蛾期，亩放一个二化螟性引诱剂诱捕器（诱捕器应高出水稻 30 cm），内置诱芯 1 个，每代放一次，可诱杀二化螟雄蛾，使雌蛾不能正常交配繁殖，从而减少下一代基数，减轻危害。

（三）黑光灯诱杀害虫

在稻田架设频振杀虫灯可诱杀稻纵卷叶螟、二化螟、稻飞虱等害虫。一般挂灯 3～6 个/公顷，灯管下端距地面固定高度 1.5 m，对于稻飞虱还可以在田间悬挂黄板诱杀。

（四）利用生物源农药防治病虫害

利用井冈霉素或井冈霉素和蜡质芽孢杆菌的复配剂防治纹枯病、稻曲病；用枯草芽孢杆菌或春雷霉素防治稻瘟病；用农用链霉素防治细菌性条斑病；用苏云金杆菌、阿维菌素防治螟虫、稻纵卷叶螟。

（五）化学农药防治病虫害

要根据防治对象，正确选用高效低毒、低残留的对路化学农药品种，做到对症下药。防治螟虫可用三唑磷、丁烯氟虫腈、氟虫腈等；防治稻纵卷叶螟可用丙溴磷；防治稻飞虱用噻嗪酮、噻虫嗪；防治稻瘟病可用三环唑、稻瘟灵；防治纹枯病、稻曲病可用苯醚·甲环唑；防治细菌性条斑病可用噻菌铜、三氯异氰尿酸。

二、杂草防治

(一)直播稻田杂草防治

1. 农业措施

(1)深翻。在冬前深翻稻田,一方面,将杂草根系切断,翻到地上,耙出田外,或通过暴晒,减少成活率;另一方面,将杂草种子翻到深土层下,使其不能发芽。

(2)清除杂草种子。一是在杂草种子尚未成熟时,将田边、渠道杂草清除;二是施用充分腐熟发酵的农家肥;三是种子要进行过筛和盐水选种,清除轻小的杂草种子,严防草籽混在稻种中传到田间。

2. 化学措施

(1)播前土壤处理。亩用25%恶草酮乳油25～33 mL均匀土壤喷雾。施药时要遵循产品标签和说明书载明的要求,以免发生药害。

(2)播后苗前处理。水稻播种后2～4天,选用1.5%苄嘧磺隆·28.5%丙草胺可湿性粉剂(苄嘧·丙草胺),每亩24～36 g,均匀喷雾。施药时要遵循产品标签和说明书载明的要求,以免发生药害。

(3)苗后处理。可根据杂草情况用药。如果防治稗草,可用五氟磺草胺(稻杰);如果防治千金子,可用氰氟草酯;如果防治莎草科和阔叶杂草,可用苄·二氯。以上药品必须严格按产品标签和说明书载明的要求使用。

施用任何除草剂前,最好先小面积试用,以免造成不必要的损失。

(二)插秧稻田杂草防治

1. 农业措施

深翻稻田。清除杂草种子。

中耕除草。适时进行中耕除草,可以疏松土壤,促进有机质分解,消灭田间杂草。一般在移栽后10～15天进行中耕除草,10天后再进行第2次中耕。

2. 生物措施

一般每亩地放养15只鸭子,既能消除田间杂草,又能控制稻飞虱危害。

3. 化学防治

插秧后5～7天,亩用苄嘧磺隆6%·二氯喹啉酸38%可湿性粉剂(苄·二氯)18～20 g,喷雾。施药时要遵循产品标签和说明书载明的要求,以免发生药害。

另外,根据杂草情况,选用其他除草剂。施用任何除草剂前,最好先小面积试用,以免造成不必要的损失。

棉花轻简化栽培技术

棉花生产技术是在棉花生产的矛盾斗争中不断进步的,是与经济社会发展的阶段特点相适应的。自中华人民共和国成立至20世纪末,基于人多地少的基本国情,为满足我国不断增长的原棉需求,我国棉花生产走的是具有中国特色的精耕细作的栽培路线。进入21世纪,随着城镇化发展,农村劳动力减少,劳动力价格上升,迫切需要提高棉花劳动生产率,以解决"谁来植棉""怎样植棉"的问题。为此,棉花轻简化栽培技术应运而生。

第一节　棉花轻简化栽培技术的内涵

棉花轻简化栽培技术是以选择适宜的品种、生产高质量的种子、提高农田基本建设水平、提高农机制造装备水平为基础,以棉花生产标准化为前提,以减少生产环节,简化作业程序,提高机械化水平为主要手段(以化学化为辅助),以减轻劳动强度,提高劳动生产率为目标,与一定的社会经济技术条件相适应,农艺、农机相结合的技术体系。

一、棉花轻简化栽培技术是与时俱进的

棉花轻简化栽培是以品种、种子生产水平、农田基本建设水平、农机装备水平为基础的,必然随着品种的改善而提高,随着种子生产水平、农田基本建设水平、农机装备水平的提高而改进。就目前来说,棉花轻简化栽培技术不可能一步到位,而应该基于现有条件先做起来,逐步改进、完善、推广。

二、棉花轻简化栽培技术追求的是规模效益

轻简化栽培单位面积产量与效益可能相对较低,但可以支持规模化生产。比如说,在精细栽培模式下,每人可管理10亩棉花,每亩效益即使达到1 000元,一年总效益也就1万元;轻简化栽培,每人可管理500亩棉花,每亩效益即使只

有 100 元,一年总效益也可达到 5 万元。

三、棉花轻简化栽培技术重点在播种

"七分种,三分管。"棉花轻简化生产的前提是标准化,而标准化的起点在播种。另外,棉花播种阶段集中了许多轻简化技术环节。如一次性施肥、化学除草、精量播种、种植规格的确定等,都是在播种阶段完成的。

第二节　播前准备

一、选择品种

棉花品种应具有出苗能力强,易于成苗;熟期早,结铃性强而集中;株型紧凑,株高适宜,赘芽少,耐密,抗倒伏;单株生产能力与群体生产能力互补性强;纤维长度、强度、细度及采后满足市场要求;吐絮畅而含絮力强;对催熟落叶剂敏感,易于脱叶;抗病、抗虫,耐盐、耐瘠薄,抗逆性强等特点。相比较而言,宜选择"鲁棉研 28 号""K836""鲁 7619""鲁棉研 36 号""鲁棉研 37 号"为好。

二、增施有机肥

棉花收获后,及时拔棉柴,根据情况增施有机肥(实行棉花秸秆还田的,如果肥源不足,可不施有机肥)。

(一)增施有机肥的理由

施用有机肥是传统农业措施,也是需要长期坚持的农业措施,这主要是因为有机肥具有化肥不可替代的作用。

一是有机肥料是一种全面养分肥料,可以较长时间地为作物生长提供营养。

二是增施有机肥料可以增加土壤有益微生物活动。有机肥料含有大量有机质,它是土壤微生物取得能源与养分的主要来源。当土壤中施入有机肥料后,微生物在通过分解有机物来满足自己生命、生活需要的物质和能量的同时,也在不断地释放有效养分供作物吸收利用。此外,微生物的活动还能分泌各种生物活性物质,如腐殖酸、生长素等,促进作物根部生长和对养分的吸收。总之,有机肥料为微生物创造了良好的生活环境,而微生物的活动,又加速了有机肥料的分解并促进作物的生长发育。

三是增施有机肥料可以改良土壤。有机肥料能与土壤中的黏土及钙离子结合,形成有机无机复合体,促进土壤中水稳性团粒结构的形成,从而协调土壤中水、肥、气、热的矛盾;降低土壤容重,改善土壤的黏结性和黏着性,使耕性变好,延长土壤的适耕期,促进作物高产、稳产。

四是增施有机肥料可提高土壤中磷元素、钾元素的有效性。有机肥料在分解过程中产生的各种有机酸可使土壤中难溶性磷酸盐转化为可溶性磷酸盐,为棉花利用。另外,有机肥料形成的腐殖酸与钾离子形成络合物,减少了土壤对钾离子的固定。

五是增施有机肥料可以促进光合作用。有机肥料在分解过程中释放二氧化碳,植物的光合能力在一定的范围内,随着二氧化碳浓度的增加而提高。

六是增施有机肥料有利于改良盐碱地。"肥能吃碱。"有机肥料在分解过程中释放的酸,可以中和土壤中的碱;同时,可以活化土壤中的钙离子,减轻钠离子毒害或加速钠离子代换。

(二)有机肥的施用量

在现有的地力水平下,多施有机肥是有益的。但考虑到劳动力紧张、肥源不足的现实,有机肥的施用量以能补充土壤有机质的消耗,使地力不致衰退为最低限。

一亩耕地,20 cm耕层土壤质量为150 000 kg,黄河三角洲地区棉田有机质含量1%左右,亩土壤有机质为1 500 kg。有机质的年矿化率约为3%,一年一亩地消耗有机质约45 kg。据此,如果施用商品有机肥料(有机质含量≥30%),需每亩施150 kg以上;如果施用干牛粪(干牛粪的有机质含量15%),需亩施300 kg以上。

(三)有机肥的施用方法

有机肥要在冬耕前撒入棉田中,通过冬耕翻埋入棉田里。

三、精细整地

通过一系列措施,使棉田达到"土层深厚、上松下实、田平如镜、土壤细净、含盐量低、墒情足"的要求。

(一)冬深耕

施入有机肥或秸秆还田后,及时用大马力深翻犁进行冬耕,冬耕深度26 cm

以上。深冬耕除具有翻压秸秆的作用外,还有以下重要意义。

一是降低病虫害越冬基数。冬耕可以破坏越冬病虫害的越冬环境,导致部分越冬害虫、病菌死亡,从而减轻害虫、病菌的危害。如果冬耕再结合冬灌,减轻害虫危害的效果会更好。据观察,棉田冬耕以后棉铃虫蛹约72%被破坏,棉叶螨越冬率可降低到0.13%～0.53%。而未冬耕的棉田,棉叶螨越冬率高达48.7%～100%。

二是熟化土壤,提高土壤有效养分含量。大多数盐碱棉田养分总量并不少,但是由于土壤板结,土壤微生物活动少,导致多数养分不能为棉花利用。如果实行冬耕晒垡,就可以使较多的无效养分转变为有效养分,为棉花利用。

三是冬耕有利于土壤脱盐和防止土壤返盐。对重盐碱地,冬耕后不耙,以便于晒垡养坷垃,促进土壤风化,让盐分表聚到垡块表面,提高淋盐效果。

四是有利于减轻杂草的危害。冬耕可将杂草根系犁断,翻到地表,使其死亡。

五是疏松土壤,有利于棉花根系伸展。

(二)洗盐造墒

洗盐、造墒是盐碱地植棉的关键环节之一。

一是冬灌。凡是秸秆还田的棉田,都应在冬耕后进行冬灌。灌水量一般为每亩 $100\sim120\ m^3$。

二是春灌。除了土质黏重的棉田外,为给棉花出苗创造良好墒情,一般要进行春灌。春灌灌水量为每亩 $60\sim80\ m^3$。春灌应于播种前 15 天完成。

土质黏重的棉田,由于适耕期很短,春灌不利于整地,所以,只冬灌不春灌。但春天要顶凌耙地,以保墒、抑盐。

(三)春浅耕细耙

春灌达到适耕期后,先浅耕 10～15 cm,然后经过多次耙耢将棉田整平。

据研究,如果棉田表面平整度达到小于 2 cm 的水平,灌水平均利用率可由现在的 50%左右提高到 80%左右,浇灌均匀度由 70%左右提高到 85%左右;水分生产率由 $0.5\ kg/m^3$ 提高到 $0.75\ kg/m^3$(籽棉);配合其他措施,可增产 10%以上。

四、种子准备

(一)种子质量

为精量播种,实现一播全苗,要采用质量达到 GB4407.1－2008 经济作物种子要求的脱绒包衣种子。

(二)晒种

播种前 15 天,选晴好天气晒种 3～5 天,以促进后熟,提高种子发芽势和发芽率。

第三节　提高播种质量

在前期做好播种准备的基础上,利用播种、施肥、喷药、覆膜一体化播种机,全面落实"七个适当"的技术要求,实现"行匀、穴匀、苗匀、苗齐"的目标。

一、墒情适当

土壤含水量过高,水多气少,播种后遇不良气候条件,易烂子;土壤含水量过少,种子吸水困难,不利于棉种发芽、出苗。因此,要在适当墒情下播种。一般棉田 0～20 cm 土层含水量达到田间持水量的 70% 时播种较适宜,含盐量较高的棉田达到 80% 时播种较适宜。

二、播期适当

播种过早,温度较低,棉花发芽、出苗慢,早播而不早发,会增加烂种的风险;播种过晚,则会缩短有效现蕾期,降低单株产量潜力。因此,生产上要适期播种。一般在 4 月 20 日以后,5 cm 地温稳定达到 14 ℃时开始播种,至 4 月 30 日结束。

选用早熟品种,可将棉花播种期推迟到 5 月 10～20 日。

三、播深适当

棉花为双子叶出土的植物,"头大脖子软"。播种过深,会出土困难,苗子弱,甚至出不了土;播种过浅,子叶带壳出土,阻碍棉苗光合作用,影响棉苗生长。因此,棉花播种深度要适宜,一般播深以 2～3 cm 为好。

四、播量适当

播种量大了,容易全苗,但要增加间苗、定苗用工;反之,不顾棉田、种子、播种机具等实际状况,盲目降低播种量,则会造成缺苗断垄。因此,提倡采用与生产条件相适应的精量播种技术。在当前的生产条件下,亩播种量可减到

1～1.25 kg。

五、施用化肥适当

为节省棉花施肥用工,提高肥料利用率,提倡选用控释化肥,利用播种施肥一体化机械,随播种将棉花全生育期所需化肥一次性深施入土壤15 cm以下,在棉花生长发育期间不再追肥。

各类化肥的施用量为磷酸二铵20 kg/亩,控释尿素20 kg/亩,硫酸钾10 kg/亩。在多年秸秆还田,增施有机肥后,可根据地力提升情况和土壤养分状况,逐步减少化肥用量。

六、杂草封闭技术适当

为提高除草效果,节省除草用工,在播种后覆膜前,亩均匀喷施33%二甲戊灵乳油100 mL＋50%乙草胺乳油100 mL,封闭杂草。

七、播种规格适当

为适应棉花机械化采摘的要求,推广76 cm等行距播种。播种机的幅宽应与采棉机的幅宽一致,采用宽120 cm、厚0.01 mm以上的地膜覆盖,一膜盖双行。

第四节　棉花田间管理

一、及时放苗

为预防高温天气造成的"烧苗"现象,棉花出苗期间,要密切关注棉花出苗情况,特别是播种5天后,要做到天天到地观察,待棉花出苗达70%左右时,及时放苗。晚播棉花要随出苗、随放苗,以免烧苗。

二、减免间定苗

棉花对密度有很宽泛的适应性,在密植密管、稀植稀管的前提下,黄河流域棉区每亩3 000～6 000株在产量上没有显著差异;棉花对一穴2株或3株也有一定的适应性,当1穴2株或3株的比例不超过50%时,对棉花产量没有明显影响。因此,在精量播种,结合放苗适当控制亩株数的前提下,可以减免间定苗环节。

三、中耕

(一)苗期中耕

棉花出苗后要及时对棉田裸露部分进行中耕划助,以提温保墒,促进棉花健壮生长。中耕深度以 6～10 cm 为宜。

(二)蕾期中耕

蕾期中耕是实现棉花稳长的重要措施。一般棉田蕾期中耕深度应达到 10 cm,对于旺长或有旺长趋势的棉田,中耕深度可加深至 15 cm,以起到控制旺长的作用。

盖膜棉田应于盛蕾期揭膜。

四、棉田灌溉

(一)棉花高产需要灌溉的原因

一是棉花虽是耐旱作物,但也是耗水较多的作物。据研究,亩产子棉 150～225 kg 时,每生产 1 kg 子棉需耗水 1 800～1 900 kg;亩产子棉 225～250 kg 时,每生产 1 kg 子棉需耗水 1 480 kg～2 114 kg。一亩棉田每天耗水量,苗期为 0.5～1.5 m^3;蕾期为 1.5～2 m^3;花铃期为 2.5～3 m^3,最高的达 5 m^3;吐絮期 2 m^3 以下。

二是东营市的气候条件决定了棉花需要浇水。黄河三角洲地区的降雨 50%～60%集中在七八月份,其他的时间降水常不能满足棉花生长发育的需要,特别是 6 月份,降水很少,常导致棉花搭不好"架子"。

(二)棉花最重要的灌溉时期

棉花以蕾期、初花期雨季到来之前的灌溉最重要。此期受旱,棉株生长受抑制,影响棉花发棵和现蕾。一般田间持水量(0～60 cm 土层)低于 60%,就要及时灌溉,为此,农谚曰"麦后前后浇棉花十年九不差"。

高产棉田于吐絮初期需要灌溉。吐絮初期,棉株蒸腾强度仍比较大,高产棉田单株结铃量大,仍有大部分棉铃在成长和充实,而此期常年秋高气爽,雨量少,补水有利于防止棉株早衰,促秋桃发育,增加后期铃重。

花铃期是需水高峰期,但此期正值雨季,一般年份可不必灌溉。但若遇干旱年份,要浇水1~2次。

(三)灌溉方法

宜采用"小白龙灌溉",每亩每次灌水量30 m³左右。

五、系统化控

整个棉花生育期内化控4次,第1次在现蕾初期,喷施缩节胺0.5 g/亩;第2次在盛蕾期,喷施缩节胺1 g/亩;第3次在初花期,喷施缩节胺2克/亩;第4次在打顶后5~7天,喷施缩节胺3~5 g/亩。化控、调控棉花适时封行:等行距种植棉花7月25~30日封行。适度封行:下封上不封,中间一条缝。高度适宜:从机采的要求,株高80~100 cm,不超过110 cm,上下果枝棉铃分布均匀,果枝长短基本一致,株型呈桶状。

六、简化整枝

(一)免打叶枝

为节省用工,在化控协助下,免去传统的打叶枝、除赘芽环节。

(二)适时打顶心

打顶心是减少脱落、增铃重、促早熟的有效措施。它可以调节有机营养的运输分配,使蕾铃能够得到较多的营养物质。

打顶心要掌握好时机。打顶过早,不仅会造成赘芽过多,上部果枝伸展过长,影响通风透光,还会限制果枝数和果节数,减少有效蕾铃,不能充分利用有效季节。打顶过晚,起不到调节养分分配的作用,使上部出现空枝或结一些无效桃。东营市一些棉农,特别是年纪较大的棉农,易犯打顶过晚的错误,仍然沿用"立了秋,把头揪"的习惯,浪费了地力,使上部果枝伸展不开,秋桃少。

正确的打顶时间要依据"枝到不等时、时到不等枝、枝到看长势"的原则灵活掌握。

所谓"枝到不等时",就是亩果枝数、亩果节数达到了计划的数量,就要及时打顶,一般打顶时亩果枝数应达到5万左右。

所谓"时到不等枝",就是有效现蕾终止期到了,即使果枝、果节数不够也要及时打顶,东营市有效现蕾终止期为7月25日。

所谓"枝到看长势",就是把握好"凹顶早,冒顶迟,平顶小打正当时"的原则,使打顶后的棉株还要保持一定的长势,不能等棉株已经出现严重衰退现象时再打顶,一般薄地早打,肥地晚打。

综合上述原则,在东营市现有的地力、密度条件下,打顶时间一般在7月15日左右,最晚不超过7月25日。

打顶要打小顶,即打去一叶带一心。

七、综合防治病虫害

采用农业防治、生物防治、物理防治与化学防治相结合的方法,可有效减轻喷药次数,减少农药用量,提高防治效果。

(一)农业防治

农业防治的主要目标是:创造有利于棉株生长发育而不利于病虫害发生发展的环境条件,从而避免或减轻病虫危害。主要做法如下:

一是实行冬耕、冬灌。冬耕改变病虫害越冬环境,将适宜在浅表层越冬的病虫害翻入土壤深层,加之冬灌,使其窒息死亡;同时,将适宜深土层越冬的病虫害翻到土表,使其冻死、晒死,或被鸟禽啄食,从而减少害虫越冬基数。

二是选用抗病、抗虫品种。不同的品种抗病性有差异,选用对枯萎病、黄萎病抗性较强的品种,可以减轻枯萎病、黄萎病的危害;选用转BT基因抗虫棉品种,可以减轻棉铃虫等鳞翅目害虫的危害。

三是适期播种,提高播种质量。如果棉花在适当的温度、墒情条件下,播种深度适当,则有利于培育壮苗,减轻苗期病害发生。

三是合理密植,处理好群体与个体的矛盾。密度适宜,群体与个体矛盾小,则个体健壮,群体通风透光好,病害减轻。

四是配方施肥。根据土壤营养状况和棉花需肥规律,协调好氮、磷、钾、微肥的施用量,有利于棉花健壮生长,减轻病虫害发生。

五是及时抗旱、排涝。旱、涝灾害是影响棉花生长发育的重要因素,因此,旱了及时浇,涝了及时排,是提高棉花抗病、抗虫能力的重要措施之一。

(二)生物防治

生物防治棉铃虫:一般在卵孵盛期,每亩投放1.5～2万头赤眼蜂或每亩投放5 000～6 000头草蛉,就可以控制棉铃虫危害。

生物防治蚜虫:瓢虫是蚜虫的最大天敌,一般瓢蚜比为1∶100就可控制蚜虫危害。

另外,可以投放捕食螨控制棉叶螨危害,投放草蛉、卵寄生蜂控制棉盲蝽危害。

(三)物理防治

在棉田中安装频振式杀虫灯、黑光灯。一般每45亩棉田安装一台黑光灯,就能控制棉铃虫危害。

(四)化学防治

采用高效低毒环保农药,实行机械化植保。

防治棉铃虫常用药:茚虫威、甲氨基阿维菌素、氯虫苯甲酰胺、高效氯氟氰菊酯等。

防治棉蚜、烟粉虱常用药:吡虫啉、啶虫脒、高效氯氰菊酯、噻虫嗪、烯啶虫胺等。

防治棉红蜘蛛常用药:哒螨酮、阿维菌素等。

防治棉盲蝽常用药:乙虫腈、氟啶虫胺腈、阿维氟酰胺、丁醚脲等。

八、机械化采收

9月下旬,当棉花吐絮率达40%时,采用50%噻苯隆可湿性粉剂40克/亩+40%乙烯利水剂200 mL/亩+水30 kg/亩混合喷雾,促进棉花吐絮和脱叶。

喷施脱叶催熟剂20天后,棉花脱叶率达90%、吐絮率达95%时即可进行机械化收获。

九、棉秆机械化还田

棉花收获后要立即进行棉秆还田作业。要求粉碎后棉秆长度小于5 cm,漏切杆不超过总杆数的0.5%。棉秆粉碎后,亩撒施尿素10 kg,以调节碳氮比。然后,将棉田深翻26 cm以上,紧接着进行冬灌。

第六章　黄河三角洲夏大豆栽培技术

我国粮食消费需求刚性增长,耕地面积持续减少,供不应求,矛盾突出,导致大豆已成为我国进口量最大的农产品。中国大豆需求量每年在1.1亿吨左右,而国产大豆的产量仅有约1 600万吨。很长一段时间以来,国产大豆单产水平较低,竞争力偏弱,国内市场大豆自给率不到15%,对外依存度在85%以上,中国进口大豆量占世界大豆贸易量的比重超过65%,形成了进口大豆主宰中国大豆市场的严峻局面。中美贸易争端进一步凸显了国产大豆产业振兴的重要性和紧迫性。

近年来,农业部提出了大豆振兴计划,其中主要措施包括加快优质、高产大豆品种选育,提高大豆品种的适应性、高产性和优质性,集成配套绿色高效技术模式,调整优化补贴政策,稳定恢复中国大豆种植面积,主要在东北地区、环渤海地区引导农民扩大大豆种植等。在这些国内外环境背景下,探究适合东营市的大豆高效栽培技术及应用推广具有重要的现实意义。

第一节　大豆品种的选择

大豆品种选择要着重从以下几个方面考虑。

一、选择正式审定的品种

目前市场上经常出现一些无品种名称、来源不明的伪劣种子,这些种子通常未经种子管理部门审定,产量、抗性,甚至出苗率等难以保证,维权困难,给种植户带来严重的经济损失。选种时要购买经过国家或地方严格试验和审查,通过审定的品种,这些品种往往有和审定证书相一致的种子说明书、审定号并注明适应区域。

二、选择适合品种

根据本地的生育日数、生态类型以及种植模式,选择品质优良、高产、稳产、抗逆性强的审定品种。大豆对光温反应敏感,生态类型复杂,东营市属于黄淮海夏大豆种植区,须选择国家或地方审定的适合本地区、生育期不超过 110 天的夏大豆品种,不要迷信外国品种、外地品种,避免跨区域引种。

三、定期更换种子、品种

大豆虽然可以自行留种,但是存在退化、混杂等问题,所以种植户至少应该每两年购买一次新种子,三至五年更换新品种。如果为了节省成本自行留种,尽量不同地块交换用种,对防止病虫草害有一定作用。

四、把握市场动向

如果种植大豆的主要目的不是自己食用,而是市场销售,应根据市场需求选择相应良种。如主要出售给大豆蛋白加工企业,应选择高蛋白含量的审定品种;如居民生活食用,应选择粒大、圆黄等品相佳的审定品种。避免出现销售困难等问题,从而引起不必要的经济损失。

五、特殊品种

市场上有时有大粒豆(主要用于青食、菜用等)、芽豆以及医药保健用豆等种子出售,这些特殊品种通常用量相对较小,且有特殊的收购销售渠道,如没有合法的回收合同或订单,不宜盲目种植,以免造成不必要的经济损失。

近年来,相关研究与推广现状表明,"齐黄 34""山宁 16"等夏大豆审定良种籽粒饱满、底荚部位合适,适宜机械收割,抗涝性较强,综合性状较好,易高产、稳产,较适宜在东营市推广种植。

第二节　播前准备

一、整地

大豆播种前整地包括深松、深耕等,打破犁底层,不同的播种方式其播前整地方式也不同,如旋耕、平翻、耙茬、深松等。有条件的,可使用免耕覆秸精量播种机播种,一次性完成麦秸清理、开沟播种、施肥、封闭除草、秸秆覆盖等作业。

二、施肥

结合深松或深耕,每亩施有机肥 1 500～2 000 kg,或 45％的复合肥,或磷酸二铵 10 kg,培肥土地。

三、种子准备

为提高大豆发芽率和发芽势,出苗整齐苗壮,播前需要对种子进行筛选、晒种,剔除病斑粒、虫蚀粒、破瓣粒、秕粒和杂质等。有条件的,可选用适宜药剂进行拌种,防治地下病虫害,确保包衣均匀,包后阴干,不可暴晒。

第三节　提高播种质量

一、播期确定

东营市大豆种植一般为一年两熟制,即通常与小麦轮作,因此播种期一般为麦收后 6 月间播种。"夏播无早,越早越好",早播是夏大豆提高产量的关键措施,越早播越易获得高产。为了争取农时,充分利用夏热资源,应力争麦收后立即播种,播期一般控制在 6 月上中旬,早中熟品种 6 月上中旬播种,中晚熟品种 6 月上旬播种,播种日期最好不迟于 6 月 25 日。

二、墒情判断

墒情是决定本地区大豆能否苗齐、苗壮的重要因素,麦收后如土壤含水量在 18％左右或出现 10 mm 以上降雨,可抢墒播种。墒情可通过抓握土壤判断,用手抓起土壤,紧握可以成团,离地 1 m 放开,落地可以散开,表明墒情合适,适宜播种。土壤墒情较差的地块,可于播种前 3～4 天浇水造墒,墒情适宜后及时播种,也可选择播后灌溉,但地表不得积水,若出现板结,第 4 天再喷水,破除板结。

三、合理密植

大豆在播种过程中根据实际情况可选取人工或机械进行播种,通常为条播。根据大豆品种特性,合理确定种植密度,提倡适度密植,是提高大豆产量的重要环节。一般每亩地用种 3～6 kg,行距 40～60 cm,亩保苗数 1.2 万～1.6 万株。

株型高大、分枝多的品种,可适当降低种植密度;株型紧凑、分枝少的品种,可适当提高种植密度。百粒重大的品种,应适当加大播种量,反之应适当减少播种量。种子发芽率低或土壤墒情差的地块,可适当增加播种量。

四、播种深度

根据墒情、天气、土质等因素确定播种深度,一般以 3～5 cm 为宜。墒情好,应浅播;墒情差,应深播。低温、潮湿,应浅播;高温、干旱,应深播。土壤黏重,应浅播;沙质土,应深播。

播后覆土,要均匀一致。根据土质和墒情决定是否镇压,除沙土外,一般不镇压。

五、封闭除草

播种时或播种后进行封闭除草,除草剂使用要严格按照说明书进行,防止产生药害,封闭除草效果不理想的地块,可苗后及时除草,避免杂草丛生。

第四节　田间管理

一、补种和间苗

播种后两天查看落干情况,若落干需及时采取补救措施。播后 4～5 天查苗,确保幼苗具有良好的生长形态,如果种植区域苗期病虫害发生较为严重,可适度晚定苗,缺苗 20 cm 以上带水补种。

二、中耕

通常情况,封行前需要中耕 2～3 次。在大豆长出一片复叶后,及时进行田间划锄,不得伤害大豆根系,疏松地表土壤;当大豆长至 10 cm 左右时进行第 2 次划锄,做到深度适宜,不压苗、不漏草;第 2 次中耕锄地后 10 天左右,可进行第 3 次中耕,可适当加深中耕深度。

三、追肥

可根据大豆生长情况适当追肥,一般结合中耕每亩地追施尿素或氮磷钾复合肥5~10 kg。

在开花结荚和鼓粒期,喷施磷酸二氢钾等叶面肥,能明显提升大豆产量。

四、浇水

大豆苗期需水量较低,随着植株生长需水量逐步增加。开花结荚期需水较多,干旱会造成落花、落荚,须保持土壤湿润,若长时间无有效降雨或午后叶片出现萎蔫,应及时浇水。

鼓粒期是形成产量的关键时期,需水较多,干旱造成落荚、秕粒,须保持土壤湿润,若长时间无有效降雨或午后叶片出现萎蔫,应及时浇水。

大豆耐涝性一般,灌溉过程中应避免浇水过量的现象,地表不得长时间存蓄积水。

第五节　大豆病虫草害防治

东营市夏大豆生长季节在6~9月份,此时正是该地区高温多雨的季节,易出现各种病虫草害,造成大豆减产,降低大豆品质。因此,要按照"预防为主,综合防控"的基本方针,以农业防治为基础,合理运用化学防治、生物防治、物理防治等技术措施,经济、安全、有效地防控大豆病虫草害。常见的病虫草害及其防治措施如下。

一、大豆的主要病害防治

(一)大豆花叶病毒病防治

花叶病毒病侵染大豆后,植株中叶绿素含量下降、叶面积减小,影响光合能力,植株营养生长受阻,植株矮小,结荚数减少,病株籽粒出现褐斑,不仅影响大豆产量,还严重降低大豆的质量。带毒种子是田间发生病毒的初次侵染源,蚜虫等发生量和迁飞也是影响严重的重要因素。

受大豆品种、气温高低、病毒种类以及感病时期的影响,表现症状有较大差异。轻病株叶片生长基本正常,病叶呈黄绿相间的轻微淡黄色斑驳,植株不矮化,可正常结荚。一般抗病品种或后期感病品种植株多表现此种症状。重病株叶片呈明显的黄绿相间的斑驳,皱缩严重,叶脉褐色弯曲,叶肉呈泡状突起,暗绿色,整个叶缘向后卷或扭曲,后期叶脉坏死,叶片粗糙且脆,植株矮化,结荚少,甚至不结荚。受感染的籽粒种皮上产生褐色或黑色的斑纹,斑纹的颜色与脐色一致或稍深,有时斑纹波及整个籽粒表面,但多数呈现放射状或带状,斑纹发生情况受品种和发病程度的影响。

防治措施主要包括:(1)种植抗病毒品种;(2)播种前,对种子进行人工筛选,挑出病粒,选用无病种子;(3)田间管理时,注意观察病株,一经发现立刻拔除,减少初侵染来源;(4)防治蚜虫,及时喷施杀蚜剂(如3%啶虫脒乳油1 500倍液、2%阿维菌素乳油3 000倍液、40%乐果乳油1 000倍液、10%吡虫啉可湿性粉剂3 000倍液、2.5%高效氯氟氰菊酯1 000～2 000倍液等),消灭传毒介体,并注意交替使用不同成分的杀蚜剂,防治蚜虫产生抗药性。

(二)大豆孢囊线虫病防治

大豆孢囊线虫病又叫黄萎病,整个生育期均可发病。苗期发病,子叶及真叶变黄,发育迟缓;成株期发病,植株矮小,节间缩短,叶片变黄,叶柄和茎顶端呈淡黄色,开花推迟,荚小,结荚量少。严重时,茎叶变黄,叶片干枯、脱落,大豆成片枯死。根部被线虫寄生后,根系不发达,侧根减少,须根增多,根瘤减少,根上附有白色或黄白色球状物,即孢囊,这是鉴别孢囊线虫病的重要特征之一。受害后,轻者减产10%～20%,重者减产50%以上,甚至绝产。

防治措施主要包括:(1)种植抗病品种;(2)农艺措施防治,避免重茬,采用轮作可明显减少土壤内孢囊线虫数量,灌水、施肥和调整播期对大豆孢囊线虫也有防治作用;(3)药剂防治,用呋喃丹、甲基异柳磷、涕灭威和克线磷等药剂处理种子或在土壤中条施,达到杀灭孢囊线虫的目的;(4)生物防治,大豆保根菌剂对防治大豆孢囊线虫有较好的效果;(5)种植诱捕植物,大豆孢囊线虫能侵染猪屎豆、柽麻等豆科植物,但无法形成孢囊,不能繁殖,种植这些植物,可有效降低土壤中的孢囊数。

(三)大豆根腐病防治

大豆根腐病是大豆苗期根部真菌病害的统称,由尖孢镰刀菌、燕麦镰刀菌、腐霉菌和立枯丝核菌等引起。大豆根腐病主要发生在苗期,成株也可染病,初期根及茎基部出现淡红褐色不规则的小斑,后变红褐色凹陷坏死斑,受害植株根系不发达,根瘤少,植株矮小瘦弱,分枝、结荚明显减少,籽粒变小。

防治措施主要包括:(1)种植抗、耐品种;(2)农艺措施防治,提倡轮作,最好水旱轮作,选用饱满、无伤的高质量种子,改善土壤通气条件,及时排水,避免地表积水;(3)药剂防治,可选用包衣的种子,如未包衣,可通过拌种剂或浸种剂灭菌,如菌克毒克、多菌灵等;(4)生物防治,利用生物活性制剂,诱导植株产生抗体,提高被害植株的抗病性。

(四)大豆霜霉病防治

大豆霜霉病病原物为霜霉菌,其发生与温度、湿度、雨量关系密切。最适发病温度为 15～22 ℃,多雨高湿、土壤含水量长期在 80% 以上,易引发病害。一般减产 6%～15%,严重时可达 50%,而且严重影响大豆的商品品质。

大豆霜霉病在大豆各生育期均可发生,幼苗受害,沿真叶叶脉两侧出现褐绿斑块,之后逐渐沿叶脉向上扩展,使叶片大部分,甚至全部变为淡黄色。成株期叶片受害,先在叶片表面产生黄绿色斑点,之后逐渐扩大变成黄褐色。气候潮湿时,叶背面褪绿部分密生灰白色霉层。豆荚被害,外部无明显症状,但荚内有厚厚的霉层,籽粒小、色白而无光泽,表面附有一层粉末状卵孢子。

防治措施主要包括:(1)种植抗病品种;(2)选种无病种子,精选健康无病的种子,减少初侵染源,有利于降低苗期发病率,减少成株期菌源数量;(3)农艺措施防治,提倡合理轮作,杜绝地表积水,剔除田间病株,减少初侵染源;(4)药剂防治,播种前用瑞毒霉、美帕曲星等拌种,发病初期及早用百菌清等喷洒防治。

二、大豆的主要虫害防治

(一)斜纹夜蛾防治

斜纹夜蛾是一类杂食性和暴食性害虫,主要以幼虫危害。初孵幼虫群集在叶背啃食叶肉;3 龄后分散啃食叶片、嫩茎,造成叶片缺刻、残缺不堪,甚至全部吃光;老龄时暴食,危害大豆各器官。斜纹夜蛾是一种危害性很大的害虫。

斜纹夜蛾在黄淮海地区一年可发生 4～6 代,各虫态的发育适温度为 28～30 ℃,7～8 月,即全年中温度最高的季节,易暴发成灾。

防治措施主要包括:(1)农艺措施防治,田间管理时随手摘除卵块和初孵幼虫,大豆收割后翻耕土地或灌水,破坏其化蛹场所;(2)物理防治,利用成虫趋光性,用黑光灯诱杀,利用成虫趋化性,用糖醋酒加少量敌百虫诱杀;(3)药剂防治,喷施马拉硫磷等;(4)生物防治,白僵菌制剂等可防治斜纹夜蛾。

(二)大豆造桥虫防治

大豆造桥虫分布于我国各大豆主产区,尤以黄淮海、长江流域受害较重,多数为一年发生 2～3 代。幼虫多隐蔽在叶背面夜间活动,不易察觉,咬食大豆叶肉,造成孔洞、缺口,严重时可吃光叶片,造成落花、落荚,严重影响大豆产量。3龄前食量很小,4龄食量突增,5龄进入暴食阶段,防治的关键时期应在3龄前。

防治措施主要包括:(1)物理防治,利用成虫趋光性,用黑光灯诱杀;(2)药剂防治,喷施万灵可、敌百虫、高效氯氰菊酯等。

(三)大豆食心虫防治

大豆食心虫食性单一,主要危害大豆,山东受害较重,一年发生一代。成虫将绝大多数的卵产在豆荚上,少数卵产在叶柄、侧枝及主茎,幼嫩绿荚产卵较多。幼虫从豆荚合缝处蛀入,取食豆粒,将豆粒咬成沟道或残破状,严重时将豆粒吃光,造成大豆减产和品质下降。

大豆食心虫喜中温高湿,高温干燥和低温多雨均不利于成虫产卵。成虫及其产卵适温为20～25℃,相对湿度为90%,喜欢在多毛大豆品种上产卵,结荚时间长的品种受害较重。大豆连作受害较重。

防治措施主要包括:(1)选种抗虫品种;(2)农艺措施防治,合理轮作,避免连作,可减轻受害程度,收割后翻耕土地,可减少越冬虫源数量;(3)药剂防治,喷施杀螟松、混灭威等;(4)生物防治,赤眼蜂对大豆食心虫的寄生率较高,白僵菌也可寄生大豆食心虫幼虫,减少幼虫化蛹率。

(四)豆荚螟防治

豆荚螟为鳞翅目豆荚野螟属的一种昆虫,分布广泛,山东受害较重,一年发生3～5代。对温度适应范围广,7～31℃都能发育,相对湿度为80%～85%适宜发育。结荚期长的品种、荚毛多的品种受害重,豆科植物连作田受害重。

成虫将卵分散产在嫩荚、花蕾和叶柄上,初孵幼虫蛀入嫩荚或花蕾取食,被害荚在雨后常致腐烂,造成花、荚脱落,轻者把豆粒咬成缺刻孔道,重者把整个豆荚咬空,影响大豆产量和品质。

防治措施主要包括:(1)农艺措施防治,合理轮作,避免连作,可减轻受害程度,及时清除田间落花、落荚,摘除被害的叶片和豆荚,可减少虫源数量,灌溉也可影响幼虫和蛹的死亡率;(2)物理防治,豆荚螟成虫具趋光性,可用黑光灯诱杀;(3)生物防治,赤眼蜂、小茧蜂等可寄生豆荚螟;(4)药剂防治,喷施灭虫清乳油等,可控制危害。

(五)点蜂缘蝽防治

点蜂缘蝽属半翅目,缘蝽科,近年来,在东营市发生率持续升高。一年可发生2～3代。成虫在田间残留的秸秆、落叶和草丛中越冬。

点蜂缘蝽成虫对大豆危害较大,在大豆开花结实时,正值点蜂缘蝽羽化为成虫的高峰期,每平方米可达数十只,刺吸大豆的花、果、豆荚、嫩茎嫩叶的汁液,造成大豆蕾、花凋落,生育期延长,形成瘪粒、瘪荚,严重时全株瘪荚,造成绝产。成虫可飞行,行动敏捷,难以捕捉,早晚低温时稍迟钝,阳光强烈时多栖息于叶片背面,同时可传播病毒和其他病害,导致产量大幅度降低,甚至绝收。

防治措施主要包括:(1)农艺措施防治,合理轮作倒茬,清除田间枯枝落叶和杂草,减少成虫越冬场所,降低越冬率;(2)药剂防治,喷施溴氰菊酯、吡虫啉等,或二者交替使用,可减缓害虫产生抗药性,效果更好。施药宜在早晚气温低时进行,点蜂缘蝽活动迟缓,防治效果较好,中午和高温天气,点蜂缘蝽栖息在叶片背面,略有响动四处飞散,难以直接触杀。

三、杂草防治

(一)大豆田杂草发生概况

东营市大豆田杂草种类多、分布范围广、危害重,是除病虫害以外,导致大豆减产的又一项主要原因。夏大豆田杂草发生期较为集中:在大豆播种后30天左右有90%以上的杂草出土;当大豆封行后,杂草很少出土。大豆田除草的关键期应该在播种后至封行前。

(二)农艺措施防治

(1)大豆播种前,对土壤进行深翻。一方面,把耕层的杂草种子翻到深处,减少杂草发芽出土的机会;另一方面,将杂草根、块状茎翻到地表,耙出田外,或通过风吹日晒、机械损伤、人工拾捡等,减少成活率。

(2)播种前精选大豆种子,防止杂草种子随豆种进入农田。

(3)及时消灭农田周边的荒地、河沿等杂草,防止周围杂草开花结子向田间蔓延。

(4)合理轮作是控制田间杂草的有效方式之一。有条件的地块可实行水旱轮作,改变农田生态条件,创造不利于杂草生长的环境。

(5)通常情况,封行前需要中耕2～3次,疏松地表土壤,减少草害,增加通风透光强度,有利于制约杂草生长,提高大豆产量。

(三)化学措施防治

(1)播后苗前药剂处理土壤。即大豆播种后出苗前,利用封闭型除草剂进行封闭除草,非特殊干旱年份,可有效控制大豆田间大部分杂草。

(2)出苗后除草。主要是根据前期灭草措施效果,视杂草种类和杂草量而灵活应用的应变措施。一般用苯达松等清除阔叶性杂草,用盖草能等清除禾本科杂草。下午或阴天时喷施,对大豆伤害最轻,效果最好。

第六节　小结

为了实现大豆高质高产,必须根据实际情况选择科学有效的管理方式,加强田间管理,采取有效的预防措施和应对措施,更易于实现。

为有利于销售,实现增收,应把握需求动向,权衡成本、品种抗性、籽粒品相、销售渠道、管理难易度等各方面因素,面向市场,择优选种。

选用除草剂、杀虫药等,必须到国家授权的正规农资店购买,并严格按产品标签和说明书的要求使用,避免产生药害,最好先小面积试用,以免造成不必要的损失。

 莲藕水生动物共养技术

莲藕属木兰纲、睡莲科植物，目前是我国主要的水生蔬菜，种植面积约66.7万公顷，年产值300亿元以上。种植区域主要分布在湖北、江苏、山东、河南、河北等地。其中，山东省莲藕种植发展迅速，已达到120万余亩，在我省居重要地位。黄河三角洲地区莲藕种植发展迅速，目前已达到15万亩以上，是本地区农业经济的一大支柱产业。

莲藕一身是宝。根、茎、叶、花、果实均可入药，有补脾养胃之功效；藕可生食，可做菜，可以加工成藕粉，能消食止泻，开胃清热，也可深加工成各种包装制品，方便食用、储存、运输和销售。莲藕属多年生蔬菜品种，当年种植，当年收益，一年种植，常年收益，且管理简便省工，效益较高。莲藕种植分为深水藕种植与浅水藕种植，以前大多是深水藕种植，此法产量低、操作难度大，现在大多为浅水藕种植，此法产量高、易操作。浅水藕种植方法在东营地区粗放管理条件下，年亩产量1 000~2 000 kg，亩产值4 000~8 000元，是同等条件下种植棉花或水稻收益的2~4倍，且抗逆性好，适应性强，对土壤要求不严，适宜在盐碱地种植，不与粮争地，不与林争地。整个生育期内无须喷洒农药和使用化肥，是生产绿色无公害蔬菜的首选品种，可常年采收上市，耐储存，便于长途运输，销售半径大，适合深加工，产业链长，附加值高，在国内外市场上具有独特的竞争优势。

动、植物共养是生态农业的重要模式。莲藕与鱼、虾、蟹等动物复合混养，不仅可以防止浮萍、水绵等杂草泛滥，还可以将动物的排泄物、剩余饲料等转化为莲藕生长所需的养料，既保证了水质长久稳定，又减少了化肥用量，还可以提高莲藕和水产品品质，实现双重收入。

随着生态观念的增强，中国、美国、日本、丹麦、埃及等国家都在引导传统单一模式的水产养殖业向生态型动植物共生系统发展。动植物共养被认为是21世纪的无废生产产业之一。

第一节　浅水藕种植技术

一、藕田建设

(一)选择藕池

藕池可以是荒地、废旧池塘、废弃地等地方,但必须在靠近淡水源,旱能灌,涝能排,通风透光,管理方便,地势稍高的地方建设。

(二)藕田整地施基肥

定植前选择水位可控、土壤肥沃,一般为2~30亩藕田,长方形,四周筑堤,易进排水,堤高80~90 cm,土地平坦的水田整地施基肥。每亩施绿肥3 000~4 000 kg或腐熟人畜粪肥3 000~3 500 kg(未腐熟粪肥极易引起莲藕烧苗),复合肥50~60 kg,然后深耕20~30 cm耙平。放入3~5 cm浅水(也可种后再放)。

二、定植

(一)品种选择

根据当地消费习惯选择适宜品种,选择适宜浅水栽培的莲藕品种。主要品种有鄂莲4号、鄂莲5号、大卧龙、鄂莲6号、鄂莲7号、白莲藕等。

鄂莲4号:湖北省武汉市蔬菜科学研究所杂交选育而成,1993年通过湖北省品种审定委员会审定。中熟:叶柄长140 cm,叶椭圆形,叶径75 cm;花白色带红尖;主藕5~7节,长120~150 cm,横径7~8 cm,单支重5~6 kg,梢节粗大,入泥深25~30 cm;皮淡黄白色。长江中下游地区于4月上旬定值;7月中下旬收青荷藕,每亩产750~1 000 kg;9月可开始收老熟藕2 500 kg左右。本品种生食较甜,煨汤较粉,亦宜炒食。

鄂莲5号:又名3735。湖北省武汉市蔬菜科学研究所杂交选育而成,2001年通过湖北省品种审定委员会审定。早中熟;株高160~180 cm,叶面直径75~85 cm,花白色;主藕入泥深30 cm,较浅,一般5~6节,长100 cm,横断面椭圆形,最大藕节粗7~8.5 cm,单支重3.8 kg,主藕重2 kg。较耐腐败病;节间粗壮,表皮白,中间通气孔小,一般每667 m² 产枯荷2 500~3 000 kg。本品种肉质肥厚,炒食甜脆,煨汤易粉,品质优。

大卧龙:2015 年 1 月 13 日,据中华人民共和国农业部公告第 2231 号获悉,按照《农产品地理标志管理办法》规定,济南市天桥区鹊山龙湖生态农业科技种植协会申请的北园"大卧龙"莲藕实施国家农产品地理标志登记保护。它是山东省一种莲藕的常规品种,经过初审、专家评审和公示,符合农产品地理标志登记条件,准予登记,登记证号为 AGI2015-01-1616。它又名大疙瘩、大红刺,宜深水栽培,花白色,叶高大,藕在土内深 30～40 cm,藕身除后把外,各节均为长圆筒形,每藕重约 1.5 kg,一般有 3～5 节,多者可达 6 节。表皮白色或淡黄色,肉质脆嫩而味甘,品质好,水分含量高、纤维少。生食脆嫩香甜,嚼后无渣。

鄂莲 6 号:又名 0312。湖北省武汉市蔬菜科学研究所杂交选育而成,2008 年通过湖北省品种审定委员会审定。早中熟;株高 160～180 cm,叶径 80 cm 左右,花白色;主藕 6～7 节,长 90～110 cm,主茎粗 8 cm 左右,单支藕重 3.5～4.0 kg,节间均匀,表皮黄白色。入泥浅。一般每 667 m^2 产枯荷 2 500～3 000 kg。凉拌、炒食、煨汤皆宜。

鄂莲 7 号:又名珍珠藕。湖北省武汉市蔬菜科学研究所杂交选育而成,2009 年通过湖北省品种审定委员会审定。早熟,植株矮小,株高 110～130 cm。叶近圆形,叶径 70 cm 左右,花白色。主藕 6～7 节,主节间长 9～12 cm,粗 6～10 cm,单支藕重 2.5 kg 左右,节间均匀,表皮黄白色。一般 7 月中旬每 667 m^2 产青荷藕 1 000 kg 左右,9 月上旬产老熟藕 2 000 kg 左右。凉拌、炒食、煨汤皆宜。

白莲藕:白莲藕原是汪塘深水栽培,一般 8～9 孔,20 世纪 70 年代经农技人员精心选育、提纯复壮,培育出适宜大面积稻田浅水栽培的优良品种。现今白莲藕是人们餐桌上的一道家常菜,以质细洁白、清脆爽口、甘甜无渣而名扬四方。数三角状叶柄裂痕,横卧于水底泥中。叶自基部挺出水面,有极长叶柄,圆柱形,叶片广卵状心脏形,光亮深绿色,羽状网脉,全绿。花梗长,露出水面,夏秋顶端开一黄色大花,果实近圆形,冬季藕完全成熟,这时藕内含淀粉、蛋白高,还有糖、脂肪以及维生素等多种成分,是上等蔬菜。因所开的莲花是白色,故称"白莲藕",以济宁白莲、马踏湖白莲为代表。

(二)莲藕种植

在当地平均气温上升到 15 ℃以上时定植。黄淮流域在 4 月中旬至 5 月上旬定植。每亩用种量 250～500 kg,早熟品种要适当密植。株行距为 1.5 m×1.0 m～2.0 m×1.5 m,采用"品"字形摆种,藕头轻轻埋入土中深约 10 cm,藕梢朝上。为防止藕向田外生长,边行藕头向内。有水种与旱种两种栽种方式,水种是藕田带水作业,以前比较多,这种方式注意种藕不能漂起来,水不能太深(水深造成底部水温低,发芽慢,藕易烂)。旱田栽藕之后,立即向水泥池内灌水,此时,为了提高地温,使种藕早萌芽,水位不宜太深,一般保持 5 cm 左右。

三、莲藕种植管理

(一)浅水藕立叶期管理技术

随着温度的升高,种藕的藕芽开始萌动,当气温稳定在 15 ℃以上时,藕芽横向生长,抽生出根茎,也就是我们所说的"藕鞭",此时的"藕鞭"很细,只有 1～2 cm 的直径,"藕鞭"上有节,藕节上再抽生出"藕鞭"。

到了 4 月下旬,叶片已经长高,钻出水面。叶片折卷成双筒状紧贴着叶柄。我们把这些小小的叶片叫作"立叶",而这一段时期,叫作"立叶期"。"立叶期"主要的管理工作,是控制好水位。从"立叶期"开始,逐渐地加深水位,但是水不能没过叶片,最初的时候水位加深到 8～10 cm,叶子逐渐展开时,水位加深到 15 cm。立叶初期,藕鞭越来越长,叶片越来越多,种藕既要保持旺盛的生长势头,又要形成发达的根系,为长藕打下基础,所以这段时期需要大量的营养。

我们一般采取直接向池子里泼洒肥料的方法来追肥,每亩使用 1 000 kg 有机肥、15～20 kg 尿素和 5～10 kg 硫酸钾肥料。需要注意的是,撒施肥料的时候,一定要均匀。

(二)浅水藕展叶期管理技术

5 月份以后,莲藕的叶片逐渐展开,这段时期叫作展叶期。展叶期的水位依然保持在 15 cm 左右。

为了满足藕鞭快速生长的需要,展叶期需要再次追肥。这个时间最需要的肥料是氮肥,因为氮元素不仅是氨基酸与蛋白质的主要成分,还可以合成叶绿素,促进光合作用,如果莲藕缺了氮肥就会叶子枯黄,因此,展叶期追肥,一般每亩施尿素 10～15 kg。因为荷叶的叶片已经展开,这时在池子里撒施肥料的时候,就会落在荷叶上,不仅造成了肥料的损失,还会因为局部肥料过多而烧伤叶片,所以展叶期施肥之后,必须用池子里的水全池泼洒一遍,将荷叶上的肥料冲刷干净,使肥料落入水中。

在水泥池与铺膜种植莲藕的从展叶期开始,还有一项工作叫"转藕头"。转藕头又叫回藕、盘箭、转藕梢等,就是将藕鞭的顶端掉转方向。转藕头的目的是让池子边上的藕鞭能够继续生长,同时防止池子里边的植株稀密不均。在展叶初期每5～7天进行1次。当看到新抽生的卷叶在水泥池边仅1m左右出现时,表明藕头已逼近水泥池边,必须及时拨转藕头,使其转回田内。同时,如果发现田内植株疏密不均,应当尽量将过密的藕头拨转到稀疏的地方,以使藕鞭分布均匀,提高产量。转藕头应要先找到藕头。最嫩的叶子一般在藕鞭最前端一节上抽生,藕头的位置在这片叶子前方30～60cm处。可以伸手在藕鞭两侧掏泥挖沟,并尽量挖得长些,这样不易折断,然后将藕头连同藕鞭轻轻托起将藕头转回田内,并用泥埋好。转藕头应在晴天下午茎叶柔软时进行,以防因茎叶过于脆嫩而被折断。

(三)浅水藕花果期管理技术

7月中旬,莲藕陆续开花,池塘里荷叶连连,荷花朵朵,或含苞待放,或怒放飘香。这个阶段就进入了莲藕的花果期管理。莲藕进入花果期后,水位逐渐加深,直至25～30cm。开花后还要再追施一次肥料。这一次追肥,虽然是在花果期,但是是为莲藕的膨大做准备,要补充足够的钾肥,一般每亩施硫酸钾15～20kg、尿素20kg、过磷酸钙20～25kg。施肥以后,仍然要用池塘里的水,把叶子和花朵上的肥料冲刷干净,以防肥料流失。莲藕开花后期,荷花渐渐凋零,花谢后花托膨大,形成莲蓬。因为浅水藕选择的品种大多是长藕的品种,莲蓬结的比较小,基本没有食用价值,所以一般不去采摘莲蓬。开花和结果期间,不能因为荷花好看就去采摘,更不能采摘莲蓬。如果把荷花或莲蓬的梗折断了,下雨的时候,水分如果从叶柄和花梗的折断处进入,就会导致新生地下茎腐烂。因此,生产中要特别注意保护叶柄和花梗,不能随意折断。

(四)浅水藕结藕期管理技术

大约8月上中旬,莲藕开花后期,地下的"藕鞭"不再伸长,开始膨大成藕,就进入了"结藕期"。从结藕期开始,上层叶片缓慢变黄,植株体内吸收的养分,除了少量运输给莲子外,大部分向下输送,藕鞭头上的几节钻入较深的土层中,藕鞭的先端逐渐增粗、肥大,积累和贮存丰富的营养,形成肥硕的地下茎——藕。一般地下茎开始成藕,藕的形成过程需经15～20天。成藕期的特点是植株地上部生长缓慢、渐止,但植株内部营养物质的转化加速,地下茎增粗、肥大。这时需要一定的土温。因而,在管理上要求浅水,以利于提高土壤温度,加速藕的形成。从结藕期开始,池子里不再加水,而任其自然蒸发。进入9月份以后,莲藕基本长成,因为在浅池子里头挖藕,不像深水池塘里挖藕那么麻烦,可以随时采挖。

四、病虫草害防治

莲藕的主要病虫害有莲藕腐败病、褐斑病、僵藕、食根金花虫和蚜虫等，以腐败病危害最为严重。

(一) 腐败病防治

以预防为主，具体措施有：

(1)合理轮作，莲藕连作最好不超过 3 年，要与其他水生蔬菜或水稻轮作，最好水旱轮作。

(2)选用无病藕田留种，并对藕种进行消毒。

(3)彻底清除田间病残枝叶。

(4)冬天最好不要干田。

(5)发病后应及时拔除初发病株并喷药控病，同时将病株带出田外销毁。

由镰刀菌侵染致病的每亩拌细土撒施 75% 百菌清＋50% 多菌灵(或 70% 甲基硫菌灵)(1∶1)2 kg，撒入浅水中，2～3 天后用 45% 噻菌灵(特克多)悬浮剂 1 000 倍液喷洒地上部。由腐霉菌侵染致病的可选用 68% 精甲霜·锰锌(金雷)或 72% 霜脲·锰锌(克露)600～800 倍液，7～10 天喷 1 次，连喷 2～3 次。

(二) 水绵防治

水绵防治除了人工打捞外，化学防治方法主要有以下几种：

(1)每亩地用 1 kg 硫酸铜(其水合晶体称为蓝矾、胆矾)和 500 mL 普通家用洗洁精，溶解稀释后全田泼洒混匀。

(2)每亩用稻宝(一类生物药)150 mL，稀释后泼洒混匀。

(3)每亩(5 cm 左右水深)用纤纤净 20～30 mL，稀释后泼洒混匀。

(4)每亩用 200 g 25% 青苔净可湿性粉剂，稀释后泼洒混匀。

(5)每亩用 200 g 25% 杀青苔可湿性粉剂，稀释后泼洒混匀。

(6)每亩用 200 g 50% 青苔一扫光，稀释后泼洒混匀。

注意事项：为提高效果，以上方法要轮换使用；施用时间最好选在晴天上午；对于酸性土壤，可以每亩增施生石灰 50 kg。莲藕生长期间，施药后要冲洗荷叶，防止药害。

(三) 其他杂草防治

为有效防除稗草、光头稗、千金子、牛筋草、牛毛毡、窄叶泽泻、水苋菜、异型莎草、碎米莎草、丁香蓼、鸭舌草等杂草,一般每亩用30％丙草胺乳油(草消特)75 mL,或60％丁草胺乳油(灭草特)75～100 mL,或12％恶草灵乳油(恶草灵)125～150 mL。

施药方法:田间建立浅水层(3～5 cm),拌土撒施(避开藕叶、藕芽)。

第二节　莲藕与小龙虾共养技术

一、藕田建设

用于共养小龙虾的莲藕田,应水源充足,排灌设施齐全,排灌便利。按照一定大小划分区块,每块田面积宜5～20亩,四周开挖围沟(深度50 cm以上,宽度2 m左右)并筑围埂,堤埂设置防逃设施(四周围高50 cm以上塑料布)。在接近水源附近设置进水口,在水源下游设置排水口。在进、排水口要牢固安装围网(围网用对角线长0.5 cm聚乙烯网片),同时,在排水口设置平水缺,平水缺高度低于围埂,便于暴雨期间及时泄水,防止溢水导致小龙虾逃逸。

二、投放种苗

(一)放苗时间与密度

一般6月中下旬,莲藕叶片平垄后投放虾苗(防止小龙虾苗对嫩藕芽造成伤害),虾苗规格为5～10 g/只。种苗投放量一般为20 kg/亩左右(亩放苗2 000～3 000尾)。种苗要求颜色浅、有光泽,体表光滑无附着物,附肢齐全、无损伤,体格健壮,活动能力强,离水时间要尽可能短。

(二)放苗方法

长途运输来的小龙虾苗种,长时间缺水,在小龙虾苗入池前,要先把苗种放到筐中,放到水中反复浸几次(每次5～6分钟),补充小龙虾苗流失的水分;然后把小龙虾苗倒在岸边,让它们自行爬到水里,提高其成活率。

三、日常管理

(一)水位管理

在莲藕田共养小龙虾时,水质调节以满足小龙虾需求为主。虾苗投放期,藕田环沟水深宜 50～70 cm,之后,及时补充由于蒸腾、蒸发及渗漏导致的田间水量缺失,保持水深相对稳定。7～9 月,宜在原有水深的基础上,加深约 30 cm。不过,在小龙虾虾壳大批脱落时,不要冲水,避免干扰。

(二)饵料投喂

小龙虾食性杂,人工补偿投喂饵料,有助于小龙虾生长发育和提高产量。同时,投喂足量适口的饵料,亦可减轻小龙虾对莲藕植株的危害。在自然饵料生物不丰富时,可适当投喂一些鱼肉糜、绞碎的螺、蚌肉及动物屠宰场和食品加工厂的下脚料等,也可适当补助豆饼、配合饵料等。一般采取点状投放。首次投饵时,每点投放 2.5 kg 左右,翌日视饵料剩余情况,及时增减投饵量(投饵量按小龙虾体重的 5%～8%参考进行计算)。每天投饵一次至每天投放饵料当日刚好采食完为宜。秋冬季水温低于 12 ℃时,停止投喂饵料。

(三)藕田施肥

要采取"少量多次"的方法进行。一般在总量不变或略减的前提下,每次施肥量为莲藕单一种植时的 1/3,施肥次数为正常的 3 倍。放入小龙虾的藕田,尽量少用含氮高的单纯无机肥,要多用有机肥或高钾复合肥。

(四)病害防治

根据情况,7～9 月适当泼洒一些生石灰,防止小龙虾病害发生。

(五)收获与灭杀

莲藕田共养的小龙虾,在 9 月份即可开始捕捞。捕捞器具主要为虾笼和地笼。商品小龙虾规格一般为 25～40 g/只。对于莲藕田内尚未捕捞干净的小龙虾,要及时用药杀灭,常用农药为甲氰菊酯、溴氰菊酯等菊酯类农药。注意菊酯类农药使用时,应防止农药飘洒或流入鱼塘或自然湖塘水体。

特别提醒:小龙虾对菊酯类农药特别敏感。要防止正常生产季节周边施药漂移造成小龙虾中毒死亡。

第三节 莲藕与泥鳅共养技术

一、藕田条件

藕田养殖泥鳅一般是在浅藕田中进行,四周池埂,池深 50～80 cm,池中环沟式宽沟,面积 2 000～5 000 m²,鱼种池需加防逃、防敌害设施。要选择光照充足、水质良好、通风向阳、池埂宽、洪涝影响小、水源充足、排管方便、田间工程比较规范的藕田。进出水口用两层拦鱼设施牢固拦置,防止泥鳅钻洞逃逸。

二、泥鳅人工繁养技术要点

整个养殖过程中,泥鳅苗种要自行繁殖培育,大大降低了养殖成本。

(一)亲鳅蓄养

在冬天或第 2 年春天收集亲鳅,加强育肥管理,促进性腺成熟。当地野生泥鳅,5 月 10 日左右可以催产产卵。大鳞副养殖泥鳅 4 月 20 日左右产卵。因此,我们需要提前在水泥池或专门土池暂养。

(二)催产产卵

把暂养好的亲鳅在室内水泥池中进行催产产卵孵化,水泥池 10 m² 左右,高 80 cm,如图 7-1 所示。在池内准备好网箱,产完卵把亲鳅移走,在池内进行孵化。一个池子一次进行 200 尾雌鳅产卵,一次产卵 40 万～60 万,孵化率在 90%左右,若放入 50 亩左右藕田培育苗种,大约需要 5 000 尾雌鳅、5 000 尾雄鳅,亲鳅重量 600～700 kg。

图 7-1 室内水泥池

(三)藕田培育泥鳅苗种

藕田要求:四周环沟,要有防逃、防敌害设施。防止蛇、青蛙等敌害进入。要彻底清塘,消灭一切杂鱼虾,此工作在 4 月初进行。每亩用 3～4 kg 茶籽饼,带水使用清除杂鱼,一周后每亩用 10～15 kg 漂白粉消毒。

苗种培育:

(1)在 4 月 15 日左右用根力多有机肥与发酵好的豆粕进行肥水并培育轮虫。

（2）把孵化出 1～2 天的泥鳅水花放入藕田中，每亩放入 20 万～30 万尾。

（3）每 3～5 天进一次水，一次进 3～5 cm，水位高时适当排水。每天进行水田内水循环，增加溶氧。定期使用微生物制剂改善水质。

（4）前期藕田内每 3～5 天泼洒豆浆，每立方米池水用 100 mL 豆浆进行培育水质。10 天以后喂粉碎的配合饵料，投喂量掌握在泥鳅体重的 3％～5％为宜，具体的投喂量应根据天气、水色及鳅苗的采食情况进行调整，以少量多次，吃完不剩为准。

（5）水肥管理。此工作是"莲藕—泥鳅"共养的关键，处理不好易造成莲藕产量下降、水产动物受到肥害影响。东营市莲藕的定植期为 4 月中旬以后，水温在 15 ℃以上，5 月中下旬莲藕发芽生长，处于立叶期，是施肥的高峰期。早期施用有机肥与豆粕对泥鳅生长非常有利，它不仅能够肥水，还能作为泥鳅的食物。在立叶期我们常规使用的氮肥是尿素与碳铵。

尿素分子式为 $CO(NH_2)_2$，碳酸氢铵分子式为 NH_4HCO_3，它们水解都会形成氨气，造成鱼类氨中毒死亡，因此，在共养过程中不能使用尿素与碳铵。但是氮肥是促进莲藕细胞的分裂和生长，使茎叶生长茂盛不可缺少的元素。在生产中我们使用了磷酸二铵与脲甲醛缓释肥代替它们。磷酸二铵分子式为 $(NH_4)H_2PO_4$，它水解形成离子铵，对水产动物影响不大。脲甲醛是化学型缓释肥料，由尿素与甲醛缩合而成，含氮 38％，根据作物的需要，逐渐释放氮元素，这样对水产动物影响比较小。共养藕池泥鳅苗种培育，我们施肥措施是每亩施基肥（有机肥）200 kg，立叶时每亩施磷酸二铵 15 kg、脲甲醛缓释肥 30 kg。6 月中旬至 7 月中旬每亩施氮、磷、钾复合肥 100 kg，分两次使用。

藕田水位浅—深—浅，定植到立叶时期水位 5～10 cm，立叶到后栋叶出现时期水位 20～30 cm，后栋叶到藕叶枯黄时期水位 5～10 cm。每次施肥前应降低水位至 3～5 cm，施完肥 2 天后还水，便于肥料吸收。施完肥后，用水冲洗荷叶，防止肥料灼伤叶片。

三、大田莲藕混养泥鳅

在 6 月中旬大田立叶肥施过以后，泥鳅苗种已达 3～5 cm，可以把泥鳅苗分到大田中。每亩放 4 000～6 000 尾泥鳅苗，还可和鲫鱼混养。要及时补水，在高温期水位保持 30 cm 以上，并且每 20 天左右施一次发酵好的豆粕，前期每亩 10 kg 左右，后期每亩 15 kg 左右，既增加了藕田肥力，又弥补了泥鳅饵料不足。

到 10 月中下旬,泥鳅达到 10 cm 以上,用地笼捕捞上市。现在黄河三角洲地区,莲藕种植品种主要为鄂莲 4 号与济宁白莲,鄂莲 4 号产量一般在 2 500 kg 左右,济宁白莲产量一般在 1 500 kg 左右。共养泥鳅后莲藕产量基本不变,产值却增加 1 500~2 000 元,除去苗种费用,每亩新增纯收入 1 300~1 700 元。该地区莲藕种植面积广阔,若大力推广"莲藕—泥鳅"共养模式,是当地经济一个新的增长点。

第八章 苜蓿高效栽培技术

黄河三角洲地区是我国重要的农业生产基地,为了提高农业生产能力,改善农业生产环境和生态环境,黄河三角洲地区已将可持续农业作为发展方向,农业种植模式逐渐由"粮食作物—经济作物"二元结构向"粮食作物—经济作物—饲料作物"三元结构转变,并以种植苜蓿作为农业与牧业结合的纽带。黄河三角洲地区盐碱地面积大,主要分布在东营市、滨州市及潍坊市的寒亭区、寿光市,为黄淮海平原盐渍危害最重的地区之一。苜蓿具有营养丰富、饲用价值高、适应范围广等优点,同时种植苜蓿又能培肥地力,改良土壤,提高土壤利用率,越来越得到人们的重视,种植面积不断扩大,生产规模发展十分迅速。

本章针对苜蓿生产中存在的突出问题,主要从苜蓿地建植与管理方面探讨适于黄河三角洲地区苜蓿生产的关键技术,以促进苜蓿产业化发展,提高土地利用率,实现农牧业良性循环,为建立现代化农业起到一定的推动作用。

第一节 播种地准备

一、选地

在大面积种植苜蓿时,播种前要对土地进行合理规划,田间道路、灌溉渠道、排水设施都应配套。在生产实践中,要想建立一个高产、优质的苜蓿田,就必须按照苜蓿的生长习性和适应性,选择土层深厚、土壤肥沃、有机质含量高、酸碱适中,最好有灌溉设施的理想地块,以达到高产、稳产的目的。

为便于机械播种和收获,大面积苜蓿人工草地的建植应尽可能选择平坦、开阔的土地。尽管苜蓿的适应性很广,可以在坡度为25°以下的各种地形和多类土壤中种植,但在一定程度上影响产量,如果在坡地种植,坡度最好小于15°,超过15°的坡地由于不便灌溉和机械化作业而不宜作为苜蓿建植地。苜蓿对土壤的适应性较强,以土层深厚、土质疏松,保水保肥性强、通透性好、肥沃的壤土或沙质壤土为最佳。苜蓿喜中性至微碱性土壤,pH 6.5~8.0,酸性土壤不利于根瘤菌形成,如需种植则要施入适量的石灰,以调节土壤酸碱性。苜蓿虽有较强的耐盐碱性,在轻度盐碱地上也可以种植,但如果土壤中盐分超过 0.3% 时就会明显影响发芽和幼苗生长。若在盐碱地上种植苜蓿,土壤含盐量较高时,播种前需灌水洗盐,以降低土壤中的含盐量。苜蓿耐旱,不耐涝,大部分品种的苜蓿在超过一个星期的积水情况下植株就会死亡,因此不宜在低洼易积水的地块上种植。苜蓿田一定要选择在排水良好、地下水位在 1 m 以下的地段,年降水量 400~800 mm 的环境,不足 400 mm 的地区需要灌溉,超过 1 000 mm 则要配置排水设施。苜蓿种子小,苗期生长比较慢,易受杂草危害,应尽量选择在杂草少的地块上种植。苜蓿不宜重茬种植,最好间隔两年或更长时间,苜蓿的前茬以禾谷类作物和无病虫害的地块最为理想,若前茬作物为豆类或种植地块病虫危害严重,则会影响苜蓿的产量。

二、整地

整地是苜蓿栽培中一项极为重要的基础工作,整地质量的好坏,直接影响苜蓿的发芽率及出苗整齐度的高低,对盐碱地尤为重要。整地要达到"墒、平、松、碎、净、齐"六字标准。墒:播前土壤应有充足的底墒(土壤含水量 60%~70%);平:土地平整;松:表土疏松,无中层板结且上虚下实;碎:无大土颗粒,细、面;净:地面无残膜、残根、残秆等;齐:地头、地边、地角无漏耕、漏耙。

机械作用改变耕作层土壤的物理状况,使土壤水、肥、气、热状况得到改善,为种子发芽、出苗、生长、发育创造良好的土壤条件,生长在土壤松紧度和孔隙度适宜、各种养分充足、杂草和病虫害少的土壤上,苜蓿才能发挥其优质高产的性能。对土壤层紧实的土地,调整改善 0~30 cm 内土壤耕层,可增加土壤孔隙,提高通透性,促进微生物的好气分解,释放速效养分,有利于雨水下渗和吸纳贮存降水,减少地面径流,保墒蓄水;对耕层土粒松散的土地,耕作可减少土壤空隙,增加微生物的厌气分解。耕作后的地面要平整、均匀,土壤颗粒细匀,无大的土坑、土块等,达到减少水流冲击、保持水土、提高土壤湿度的目的,为播种和种子萌发出苗创造一个上虚下实的苗床。耕作可以把已丧失结构的上层土壤翻下去,把下层具有较好结构的土壤翻上来;将植物残茬、枯枝落叶、绿肥、有机肥料和无机肥料翻入土壤下层,清洁耕层表面,促进其分解转化,减少无机肥料的挥发和流失,利于根系吸收;把带病菌孢子、害虫的卵蛹及幼虫等埋入深土层或翻出地面,抑制其生长繁育,从而减少对苜蓿的危害。

(一)翻耕

翻耕也称翻地、耕地、犁地,一般用机械牵引或畜力牵引的有臂犁翻耕。翻地有深翻和浅翻两种,浅翻深度为 15～20 cm,深翻深度为 25～50 cm。深翻可以疏松下层土壤,使土壤含水部位下移,扩大土壤含水量,有利于增加土壤的底墒。深翻还可以加强土壤的透气性,增强土壤微生物的活动能力,提高土壤的有效成分,促进苜蓿根系的发育,扩大植物根部的营养面积。苜蓿为直根系植物,主根入土可达几米,宜深耕翻,一般深度应为 20～30 cm,暄土层不能超过 3 cm,对苜蓿的抗旱和越冬有积极的作用。

翻耕的深度可根据当地的土壤特点以及所选地块的具体情况决定,土层深厚的地方宜深翻,土层浅薄的地方可适当浅翻。黏重的土壤要深翻,疏松或沙化比较重的土壤应浅翻。新开垦的荒地,要在上年秋季深翻耕 30 cm 以下,同时要彻底翻转,严密覆盖,以便将原始植被完全消灭;所选地块为熟地时,翻耕深度控制在 20 cm 左右即可。土壤水分对翻耕质量很重要,水分过多或过少,都会形成坷垃,影响出苗。土壤水分在 18%～20%,耕深 18～22 cm;水分 20%～23% 的沙壤土时,耕深 15～20 cm。近年来常用旋耕机直接旋耕,一次作业可同时完成疏松土壤、切碎土块、平整地表、消灭杂草和混土肥的作用,不足之处是耕作层较浅,只有 10～15 cm。

翻耕时间要根据播种时间、前茬作物而定,秋耕、夏耕、春耕均可。北方地区种植苜蓿,为有效控制杂草危害,一般以春耕、夏耙为主;有灌溉条件者,耕前要将灌溉工程完成,盐碱地耕前要实施排灌脱盐。

(二)耙地

耙地是对土壤表面进行处理的关键措施之一,通常在翻耕后进行,有清除杂草及根系、耙碎土块、平整地表、疏松表土、提高土温、轻微镇压和保蓄水分的作用,为做畦或播种打下基础。耙地使用的工具主要有钉齿耙和圆盘耙。如果是荒地或是植被繁茂、根系发达的地区,往往需用重型圆盘耙破除土壤表层板结、减少耕地阻力。在黏重的土壤上,为了达到碎土和平地的目的,宜采用重型圆盘耙。要清除土壤中的草根和根茎,需用钉齿耙。耙地的方式有横耙、竖耙、对角耙等,可根据具体情况采用不同的方式。横耙的碎土效果和平整作用较大,采用的较多,但翻后的第一遍耙地,尤其是新开垦的土地宜采用顺耙,以避免垡片翻转,使原始植被重新露出地表。播种当年采用圆盘耙、钉齿耙耙碎土块,将土地平整、细碎无坷垃,使土壤颗粒细匀,孔隙度适宜,保证播种深度一致,有利于保苗、壮苗。

　　耙地的次数决定了耙后土地的质量,多数情况下需要耙两遍,可同时采用两种以上的方式。耙地的深度应由深到浅,即第一遍要耙深、耙透,以免土块在土层中形成大的空隙,使水分供应中断,幼苗产生"吊死"的现象。

(三)耱地

　　耱地也称盖地或耢地,常在耕地、耙地后进行,主要作用是平整地面、耱碎土块、耱实土壤表层、蓄水保墒。耱地的工具常为柳条或树枝编成,也有用长条木板做成的。在实际生产中,在土壤松软、杂草少的土地上可以只耱不耙或只耙不耱。有时在耕地后以耱地代替耙地。播种后的耱地,起到覆土和轻微镇压的作用。

(四)镇压

　　镇压起到压碎大土块,使表土变紧,压平土壤的作用,影响深度轻则 3～4 cm,重则 7～10 cm。播前镇压是在耕翻和耙耱的基础上进行,可使上层土壤变得紧实,改善土壤孔隙状况,减少水分蒸发,为适时播种、顺利出苗创造良好条件。播后镇压可使种子和土壤充分接触,及时吸收水分和养分,对达到苗全、苗壮具有良好的效果。常用的镇压器有:

1. 圆筒形镇压器

　　工作部件是石制(实心)或铁制(空心)圆柱形压碌,能压实 3～5 cm 的表层土壤,表面光滑,可减少风蚀。

2. V 形镇压器

　　工作部件由轮缘有凸环的铁轮套装在轴上组成,每一铁轮均能自由转动;一台镇压器通常由前后两列工作部件组成。前列直径较大,后列直径较小,前后列铁轮的凸环横向交错配置,作用于土层的深度和压实土壤的程度决定于其工作部件的形状、大小和重量。压后地面呈 V 形波状,波峰处土壤较松,波谷处则较紧密,松实并存,有利于保墒。

3. 锥形镇压器

　　工作部件由若干对配装的锥形压碌组成,每对前后两个压碌的锥角方向相反,作业时对土壤有较强的搓擦作用。

4. 网纹形镇压器

　　工作部件由许多轮缘上有网状突起的铁轮组成,作业时网状突起深入土中将次表层土壤压实,在地表形成松软的呈网状花纹的覆盖层,达到上松下实的要求,并有一定的碎土效果。

第二节 播种

一、品种选择

优良的品种是苜蓿种植实现高产、高效的前提，在生产中要选择高产、优质、抗病性好、抗倒伏的品种。黄河三角洲地区主要为黄河冲积平原，盐碱地比较多，应选择抗寒、抗旱、抗盐碱、耐瘠薄的品种，如中苜3号、中苜2号、中苜1号、无棣苜蓿、沧州苜蓿、淮阴苜蓿等。

二、种子处理

播种前需要对种子进行处理，应用相关的技术措施，使种子达到最佳播种状态。

(一)种子清选

使用专业牧草种子清选机对干燥后的种子进行清选，要在尽可能减少净种子损失的前提下，除去种子中的菌核、虫瘿、杂草种子、病瘪种子和其他杂质，保证种子的纯净度和整齐度。常用的清选方法有风筛清选、比重清选、窝眼清选和表面特征清选等。常用设备有气流筛选机、比重清选机、窝眼盘分离器和螺旋分离机等。种子消毒物理方法即利用日晒、烘干、水烫、蒸汽等，杀灭种子中存在的菌核、成虫、虫瘿等活体。化学方法指选用具有高效、高选择性、低毒、低残留和广谱等特性的化学药剂，对种子进行拌种、浸泡或熏蒸，杀灭种子中存在的菌核、成虫、虫瘿等活体。化学处理一般在播种前的1~2周前进行，这样有利于下一步的根瘤菌接种工作。

(二)硬实种子处理

硬实和植物的遗传性密切关系，但硬实现象的产生与程度受环境条件的影响，并与籽粒大小、种子形状、种皮颜色等因素有关。苜蓿硬实种子具有坚实的种皮和特殊的构造，致使这类种子透水性极差，阻碍气体的正常交换，从而使种子长期处于休眠状态。新采收的苜蓿种子的发芽率往往较低，主要原因是含有较多的硬实种子。贮藏一年减少硬实种子50%~75%，贮藏16年，硬实种子最高为4.5%。在播种前需要对种子进行必要的处理，提高种子的萌发能力，保证播种质量。

1. 擦破种子

用人工或机械方法使种皮产生裂纹以利于水分进入。一般种子量大时,可用除去谷子皮壳的碾米机进行处理,以碾压至种皮粗糙起毛产生裂纹,但又不致种子破碎为原则。经擦破种皮处理的苜蓿种子,发芽率一般可提高5%～20%。

2. 变温处理

将苜蓿种子在50～60 ℃热水中浸泡半小时后捞出,白天置于阳光下暴晒,夜间移至阴凉处,并加水使种子保持湿润,2～3天后部分种皮因热胀冷缩而开裂,达到促进萌发的目的。

3. 化学处理

种子用量少时,用浓硫酸或浓盐酸浸种三分钟左右,或用万分之一的钼酸铵及万分之三的硼酸溶液浸种,然后用清水冲洗干净即可。

(三)根瘤菌接种

苜蓿在播种前应进行根瘤菌接种,特别是未种植过苜蓿的田地更需要接种。接种根瘤菌剂尽管能提高苜蓿的产量和品质,但菌剂使用方法直接影响接种效果,进而影响苜蓿的生长和产量。因此在使用根瘤菌接种剂时,必须考虑以下因素:

1. 土壤条件

从未种植过或5年以上没有种过某种豆科植物的地区,土壤中很难有与该种豆科植物相匹配的根瘤菌,在该种豆科植物的根部不会形成固氮根瘤。在新区种植苜蓿必须接种相匹配的根瘤菌剂,才会显出共生固氮的优势。此外,在矿迹地生态恢复地、盐碱地改良地、风沙地、生土地及荒草地等必须接种根瘤菌,在砂质或养分贫瘠的土壤上,接种根瘤菌能有效改善苜蓿生长、提高土壤肥力。相反,在连续种植苜蓿的土壤上,接种根瘤菌剂尽管也能增产,但增幅不大。

2. 根瘤菌与苜蓿的匹配性

一般而言,只有接种与该种苜蓿匹配性良好的根瘤菌剂才能实现增产,如果匹配性差,接种根瘤菌剂就没有增产效果。

3. 施肥水平

施氮水平的高低直接影响苜蓿结瘤量的多少,高施氮量抑制根瘤菌的形成,低施氮量则略有促进作用。磷肥能改善根系的生长,进而促进根瘤的形成。

常用接种方法有老土拌种、根瘤拌种和根瘤菌剂拌种,也可做成丸衣种子进行接种。目前主要的方法是根瘤菌剂拌种,即根瘤菌和种子混合拌匀使用。接种过程中避免日光直射根瘤菌,并且注意土壤干湿度、酸碱度、温度,以及农药、肥料等外界条件对根瘤菌的影响。

三、播种技术

(一)播种时期

苜蓿的播种期一般分为春播、夏播、秋播。播种时期的确定主要取决于气候(温度、降雨、风速)、土壤水分、杂草危害程度、利用目的、现有的条件等。在诸多因素中,水分起决定性的作用,在有灌溉条件的地方,采用春播、夏播、秋播均可以。

1. 春播

在冬季和春季降水量较高、土壤墒情好、风沙危害小的地区,旱作时可考虑早春顶凌播种,特别在冬春积雪较厚的地区,可借助覆雪融化或冻土解冻时的水分,在温度达到要求时,立即抢墒播种。我国的新疆、内蒙古、甘肃、陕西等省区的部分地区均可在3月中下旬至4月下旬进行播种。春播时杂草危害较严重,应采取有效的防除措施。

2. 夏播

在内蒙古大部分地区、宁夏西部和北部、河北省北部、东三省大部分地区,冬春季降水量少,蒸发量大,风大且频繁,前一年夏秋季节的降水和春季融雪后在土壤中蓄积的水分,在风大干旱的情况下,往往很快丧失殆尽,不利于抓苗和保苗。这些地区进入夏季气温较高且稳定,降水逐渐增多,雨热同期,水热效应好,苜蓿播种后出苗速度快,有利于幼苗生长。夏播的缺点是杂草危害严重、病虫害多,播前要注意土壤的精细整理,防除杂草常用化学除草剂进行灭生性除草。

3. 秋播

秋播一般在8月底至9月底,正值雨季之后,土壤水分充足,温度适宜,而且由于气温逐渐降低,杂草和病虫害减少,出苗率和成活率较高,适宜幼苗生长和根系发育,是比较理想的播种时间,但当年生长时间短,存在不能安全越冬的危险。

盐碱地土壤含盐量受降水、气温、蒸发量等诸多自然因素的影响且有季节性的波动。在春季,土壤中的盐分多分布于靠上的浅土层中,而在秋季则向深层土壤中移动,春季播种后如果遇雨并再经烈日暴晒,土壤表面极易形成坚硬的板结层,使苜蓿出苗困难。在盐碱土地上播种苜蓿的时间最好选择在夏末秋初,这时候雨季刚过,土壤中的盐分被淋洗下去,而且土壤的水分含量也较充足,非常有利于出苗,保苗率也较高。

(二)播种方式

和其他牧草一样,苜蓿的播种方法大致可分为单播和混播两大类。单播是指在某一地块上只种植苜蓿。单播一般又可分为条播、撒播和穴播三种。除用于育种目的或在原种繁育田播种采用穴播外,生产上建设放牧型或割草型人工草地、进行天然草地改良或矿迹地复垦多采用条播和撒播。在盐碱较重的土壤上,可采取开沟播种的方式,在平整的土地上开沟 10～15 cm,然后在沟底播种。开沟播种后对土壤耕层的盐分进行了再分配,沟底苜蓿根际周围的土壤盐分比平播下降了 40% 左右,大部分土壤的盐分转移到了较高的沟背处,这为苜蓿的出苗和保苗创造了有利条件。

1. 单播

(1)条播。条播就是每隔一定距离将种子成行播下,且随播随覆土的播种方法。在生产中,苜蓿的条播行距一般为 30～45 cm,产种田的行距可扩大至 45～60 cm 为宜。条播行距可根据土壤和气候条件进行调整,在土壤肥力状况好、降雨量充沛或有灌溉条件的地区可缩小为 15～20 cm,充分利用土地、阳光、水分等自然资源,提高牧草产量和草地生产效益,又可达到控制杂草的目的。条播最大的优点是便于采用机械进行播种、中耕、除草和稠耘培土。

(2)撒播。撒播就是用人工或机械将种子均匀地撒在土壤表面,然后用耙轻搂一至两遍,浅覆土镇压的播种方法。在沙地种植苜蓿,用于草地改良和水土保持,在坡度大于 25°的坡地上或小面积种植以及与其他种类牧草混播时,可采用撒播。撒播要求条件比较严格,一定要使土地平整,土壤颗粒小,保证土壤的温度,撒播后覆土深度以 1～1.5 cm 为宜,然后用镇压器进行镇压。撒播可以增加植株的密度,使苜蓿种子均匀地散落在地表,有利于牧草覆盖地面,增加牧草产量和增强生态防护效果。与条播相比,撒播不利于人工、机械化中耕与锄草等田间作业,但随着播种机具的不断改进,这些缺点也逐步得到改善。

(3)穴播。穴播又称点播,是在行上、行间或垄上按一定株距开穴点播 2～5 粒种子的方式。穴播是最节省种子的播种方式,优点是出苗容易,间苗方便;缺点是费工费时,多用于试验田、苜蓿育种田及特殊生产田,大面积建植时很少使用。

2. 混播

混播一般是指苜蓿与一至几种禾草或豆科牧草混合播种的方法。目前,在建立放牧型草地、高产型打草草地、草田轮作地时,多采用苜蓿与一至几种禾草混播;用于改良草地、保持水土和在盐碱地上建立人工草地或改良盐碱地时,多采用加入其他种类豆科牧草混播。

豆科和禾本科牧草在形态学方面有显著差异,二者混播,优势互补。一般豆科牧草叶片分布较高,禾本科较低,两者地上部叶片和枝条存在明显的成层分布现象,光照得以充分利用。苜蓿是直根系,入土深达 2 m 以上,禾本科牧草属须根系,主要分布在表土层 20 cm 以上。两者在土壤中分层分布,从不同深度的土层中吸收水分和养分,发挥根系间的互补效应,有效地利用有限空间。

(三)播种量

苜蓿播种量的大小直接影响苗的长势、草丛的密度以及苜蓿的产量和品质。苜蓿的播种量与土壤水分、土壤肥力、种子大小、种子品质、种子净度和发芽率、整地质量、播种方法、播种时期及播种时的气候条件等因素相关,一般应根据以下几条原则确定适播种量。

(1)产草田比产种田的播种量要大一些,产草田苜蓿的播种量应控制在每公顷 15 kg 左右,而种子田的播量应控制在 7.5 kg 左右。

(2)种子品质好、发芽率高时,播种量可适当降低一些,反之则应稍加大播种量。

(3)整地质量好、土块细碎、水分条件好的地块有利于种子的出苗和保苗,播量可以降低一些,反之则应稍加大播种量。

(4)播种方法不同,播量也不尽相同。如果种子纯净度在 95% 左右,条播时播种量每公顷 12~15 kg(种子田播种量每公顷 6~9 kg);撒播时,播种量每公顷增加 20% 左右;穴播时,播种量适当减少。

(5)土质不同、土壤肥力不同、水分条件不同时,播种量应有所差别。土质好、土壤肥力高、水分条件好的地块能满足苜蓿旺盛生长所需的各种养分及水分需求,这样的地块种植密度可以大一些,以充分利用土壤资源,提高单位面积的产量,播种量就该大一些。反之,土地贫瘠、肥力不足、有机质含量偏低的地块,植株之间竞争激烈,每一株苜蓿都需要一定的营养面积,这种情况播种量就应小一些。

（四）播种深度

苜蓿种子较小,千粒重约 2 g,播种宜浅不宜深,通常为 1～2 cm。播种深度要根据土壤类型、土壤墒情及播种季节做出适当的调整。一般湿土浅播,干土稍深;壤土和沙壤土可略深,黏土应略浅;土壤墒情差的宜深,墒情好的宜浅;春季宜深,夏秋季宜浅。

第三节　水肥管理

一、苜蓿灌溉

苜蓿是喜水植物,但忌积水。在其生长发育过程中需消耗大量水分,苜蓿的产量和水分供应基本呈正比,适时灌溉是提高其产草量和改善牧草品质的重要栽培措施。一般而言,要达到高产的目的,必须根据苜蓿需水特性、生育阶段、气候、土壤条件等,配置灌溉设施,实施人工灌溉。苜蓿田灌溉时期和次数,主要取决于土壤含水量和苜蓿的需水量。

（一）灌溉时期

根据苜蓿地块的土壤条件,一般在春季土壤解冻后苜蓿返青期须对苜蓿进行春灌,时间在 3 月下旬至 4 月上旬。冬季结冻前灌溉一次,不仅可以提高第 2 年的产量,还可以大大提高苜蓿的越冬性。另外,在每茬刈割后尽量及时浇水,以利于苜蓿再生,提高苜蓿产量。因此,在苜蓿的整个生长期内,有条件的地区如能灌溉 2～3 次,则会使苜蓿的产量得到大幅度提高。

（二）灌溉方式

苜蓿田灌溉的方式有漫灌、喷灌、畦灌等。漫灌对土地的平整性要求较高,只能在较平坦的草地上进行,而且耗水多、耗时长,灌溉不均匀,易出现漏灌、冲刷和局部地面积水。喷灌能均匀地将水喷洒在地面上,不产生地表径流,渗漏少,水利用率可达 65%～85%,比漫灌节水 30%～60%。喷灌系统分固定式、半固定式和移动式三种,可根据地形和资金等条件进行选择。畦灌指用土埂将耕地分割成条形的畦田,水流在畦田上形成薄水层,沿畦长方向流动并浸润土壤。优点是投资小,缺点是较费工且占地多。

二、苜蓿施肥

苜蓿为多年生植物,一般利用周期为7~10年,因此,通过苜蓿播种前施肥和苜蓿生长过程中追肥增加土壤的肥沃度意义重大,更能保证苜蓿的稳产与高产。

无论是水浇地、旱地还是沙地,提高土壤肥力都是至关重要的措施,水浇地施肥可以增加土壤有机质含量,提高水分的利用效率;旱地和沙地施肥不仅能增加土壤养分,使土壤微生物大量繁殖,进一步分解有机质,供植物吸收利用,还能改变土壤理化性质,增加土壤的蓄水性;施用于黏土上,可使土壤疏松,改善土壤的透气性。

(一)施肥量

苜蓿的正常生长发育,需要从土壤中吸收大量的各种各样的营养元素,形成根、茎、叶、花、种子等生长所需要的蛋白质、脂肪和碳水化合物等有机物质。苜蓿需要的养分包括大量元素和微量元素。大量元素有氮、磷、钾、碳、氢、氧、钙、镁、硫,微量元素有钼、钴、硼、锰、铜、锌等。据测算,每收获 1 t 苜蓿干草,从土壤中带走 25~35 kg 氮、3.5~7.5 kg 磷、25~50 kg 钾、1.8~2.8 kg 硫、13~19 kg 钙、2.5~3.5 kg 镁,如果得不到补充,则难以达到应有的生产能力。因为不同土壤的养分条件不同,不同苜蓿品种对营养的需求差异很大,所以在确定施肥量时,首先需要取土壤样品,测定土壤中主要养分含量,然后根据目标产量确定肥料的种类和施用量。

(二)施肥方法

1.基肥

基肥又叫底肥,是播种或定植前结合土壤耕作施用的肥料,其目的是创造苜蓿生长发育所要求的良好的土壤条件,满足苜蓿对整个生长期的养分要求。基肥具有双重作用:一是培养地力、改良土壤,二是供给作物养分。基肥主要是厩肥、堆肥、绿肥等有机肥和化肥。有机肥施用量没有严格的规定,一般每公顷为15 000~40 000 kg。

基肥的施用方法有撒施、条施和分层施。撒施是在土壤翻耕之前,把肥料均匀地撒在地表,然后翻耕入土中。撒施是基肥的主要施用方法,优点是省工,缺点是肥效发挥得不够充分。条施是在地表开沟,把肥料施入沟中。条施肥料集中且靠近种子或植株根系,因此用量少、肥效高,但费工。分层施是结合深耕把粗质肥料和迟效肥料施入深层,精质肥料和速效肥料施到土壤上层,这样既可满足苜蓿对速效肥的需求,又能起到改良土壤的作用。

2. 种肥

种肥是播种或定植时施于种子附近或与种子混播的肥料,主要目的是满足种子发芽和幼苗生长所需的养分。种肥的种类主要有:腐熟的有机肥、速效的无机肥、混合肥料、颗粒肥及菌肥等。种肥施用的方法很多,可根据肥料种类和要求采用拌种、浸种、穴施等。拌种指根瘤菌剂施用时可与种子均匀拌和后一起播入土壤。浸种指用一定浓度的肥料溶液来浸泡种子,待一定时间后,取出稍晾干后播种。穴施是在播种前,把肥料施在播种穴中,而后覆土播种,特点是施肥集中,用肥量少,增产效果较好。

3. 追肥

在苜蓿生长发育期间,为了满足其对养分的要求而追施的肥料。追肥的主要种类为速效肥和腐熟的有机肥料。追肥的施用方法通常包括撒施、条施、穴施,并且要结合耥耘培土和灌溉施用,也可进行叶面喷施。由于根瘤菌的固氮作用,苜蓿在生长期追施以磷肥、钾肥为主,一般每年追施 2～3 次,在开春土壤解冻后浇头水之前,追施 12％普通过磷酸钙 30～50 kg、3～5 kg 氮肥、硫酸钾 5～8 kg;在第 1 茬刈割后浇水前,追施二铵 5～8 kg;在第 2 茬刈割后,浇水前追施 12％普通过磷酸钙 20～30 kg、硫酸钾 5～8 kg。

第四节 苜蓿病虫草害及防治

一、苜蓿虫害

我国北方地区种植苜蓿历史长,害虫虫口基数大,加之品种单一、种植管理技术粗放等原因,使得苜蓿虫害发生日趋复杂,突发性、不可预见性和危害性日益增强,目前呈现出发生种类多、分布广、危害重的严重态势。据统计显示,苜蓿害虫造成产量损失可达 20％左右,严重时减产 50％以上,每年因虫害造成的直接经济损失达百亿元,因质量下降造成的损失则难以估计,不断发生和严重的危害给草业生产和生态环境带来了巨大的影响和损失,成为阻碍牧草产业可持续发展和农业增效的重要瓶颈之一。

首蓿虫害防治应采用多元化的综合防治技术,以区域化预测预报为基础,应用抗性品种,充分利用天敌的自然控制作用,结合农业栽培管理措施,辅以药剂防治,防止不合理的化学防治造成抗药性、农药残留和害虫再猖獗的恶性后果,最大限度地保证草产品安全和保护天敌的生存环境。

(一)发生规律

黄河三角洲地区首蓿害虫主要有43种,隶属于6目19科,春季虫害主要种类有蓟马类、潜蝇类、蚜虫类、地老虎类、大灰象、蒙古土象、蝼蛄、银纹夜蛾、豆粉蝶、蛴螬、豆卷叶麦蛾等,其中以蓟马类、潜蝇类、蚜虫类、害虫发生危害较重,为主要害虫。

冬季气温较高,来年春季气温回升快且干旱的年份,蚜虫类、潜蝇类发生量大,危害较重,由于"暖冬",田间及周边越冬虫源虫口基数大,早春寄主少,首蓿返青早,枝芽嫩绿,对蚜虫类、潜蝇类具有正趋性。春季干旱的年份,蚜虫类、潜蝇类有可能爆发成灾,严重危害首蓿植株。

夏秋季节首蓿田的害虫主要是一些鳞翅目的害虫,其食量大、危害强,主要害虫有棉铃虫、甜菜夜蛾、银纹夜蛾、斜纹夜蛾、银锭夜蛾、首蓿夜蛾等,其中危害性较大、易猖獗危害的害虫主要是甜菜夜蛾、棉铃虫。

5月下旬至6月上旬是第一代首蓿夜蛾幼虫发生期,一般虫口密度不是很大,且黄河三角洲地区天敌资源丰富,可以控制害虫的发生危害,但是新播首蓿地应当注意以上害虫的发生。6月下旬至7月上旬是第二代棉铃虫幼虫和第二代甜菜夜蛾幼虫的发生期,并伴有第二代瘦银锭夜蛾幼虫及大造桥虫幼虫的发生。两种主要害虫与其他次要害虫混合发生,虫口密度大,容易造成生产上的损失。8月上旬是第三代棉铃虫发生盛期,如果二代棉铃虫没有及时防治,田间虫源基数大,在气候条件适宜的年份里容易造成三代棉铃虫的猖獗。8月下旬至9月上旬是第四代甜菜夜蛾幼虫发生危害盛期。9月上、中旬是第四代棉铃虫幼虫发生危害盛期。9月下旬至10月上旬是第五代甜菜夜蛾幼虫发生危害盛期。

(二)几种主要害虫及生活习性研究

1.蓟马

蓟马是对首蓿最具危险性的害虫之一,在黄河三角洲地区主要为首蓿蓟马、豆蓟马、花蓟马和烟蓟马,其中以豆蓟马为主,占蓟马总量的80%以上。蓟马害虫完成一个世代需 20 天左右,世代重叠严重、个体小、易隐蔽;危害时间长,从春季苜蓿返青到霜冻,蓟马可在苜蓿植株上持续危害。蓟马具有趋嫩绿性,主要在苜蓿心叶和嫩叶上危害,开花期转移到花器上危害,使花脱落,不能结实。

刚孵化出的若虫沿苜蓿叶片主脉两侧锉吸危害,受害后叶片褪绿变黄,危害严重的叶片不能正常展开,甚至整片单叶枯死。当叶片展开后,蓟马转移到其他嫩叶上锉吸危害。被害叶片生长不良、变小、皱缩、畸形,叶面积仅为正常叶片的 1/2～2/3,叶片上散布黄白斑点,有的叶片呈畸形缺刻。危害严重的苜蓿整株枯黄,远看似火烤过。

2. 蚜虫

危害苜蓿的蚜虫主要包括豆无网长管蚜、苜蓿彩斑蚜和苜蓿蚜。蚜虫多聚集在苜蓿的嫩茎、叶、幼芽和花的部位上,以刺吸式口器吸取汁液,被害叶片卷缩,蕾和花变黄脱落,影响苜蓿的生长发育、开花结实和牧草产量。

春季苜蓿返青时成蚜开始出现,随着气温升高,虫口数量增加很快。蚜虫的虫口数量同降雨量关系密切,5～6 月份降雨少,蚜量迅速上升,对第 1 茬和第 2 茬苜蓿造成严重危害,重者百枝条蚜量可高达 1 万只以上。

3. 棉铃虫

成虫体长 14～18 cm,昼伏夜出,具有趋光性,飞翔力强,成虫羽化后 2～3 天产卵,卵散生在叶片背面或嫩叶叶尖,最初乳白色,后顶部出现紫黑色晕环,临近孵化时顶端全部变为紫黑色,卵历期 2～4 天。幼虫孵化后随机吃掉卵壳,然后取食嫩叶,1～2 龄幼虫有吐丝下坠的习性,3～4 龄食量大增,5～6 龄进入暴食期,可整天取食,幼虫历期 10～14 天。黄河三角洲地区第一代棉铃虫成虫发生期在 6 月下旬至七月初。黄河三角洲地区棉铃虫幼虫在苜蓿上的危害盛期:第二代在 6 月下旬到 7 月上旬,第三代在 8 月上中旬,第四代在 9 月上中旬。

4. 甜菜夜蛾

成虫体长 8～10 cm,活泼,昼伏夜出,有强趋光性,飞翔能力强。黄河三角洲地区一年中发生四代,第一代成虫 6～7 月份从南方迁入本地区,随气流下沉或降雨迫降后的成虫无需营养补充即行产卵,卵期 2～3 天,幼虫历期 8～9 天,蛹历期 5～6 天。

(三)防治技术

苜蓿虫害防治措施的制定要从总体出发,根据有害生物和环境之间的相互关系,充分发挥自然控制因素的作用,因地制宜,协调应用必要的措施,将害虫控制在经济损害水平以下,以获得最佳的经济、社会和生态效益。在防治时,选用抗虫品种,培育健壮植株,加强田间管理,优先选用农业防治的方法,少用化学农药,必须使用时首选生物农药,最大限度地减少对苜蓿和环境的污染。

1. 农业防治

(1)及时刈割。合理安排刈割时间可有效防控虫害,及时刈割或适时早割可有效避免和阻止害虫发生高峰的出现,压低害虫虫口基数,如现蕾期前后,害虫数量即将或达到防治指标时,及时刈割。

(2)选用抗虫良种并合理布局品种。选用适宜当地种植的抗虫优良品种是害虫综合防治的关键和基础,目前对苜蓿危害较大的虫害均有抗性品种可供选择利用,美国抗性品种的应用已达90%以上。利用轮作倒茬、不同抗性品种的空间配置(混播和间作)和不同牧草种类合理布局可有效阻断虫害大范围传播和蔓延,避免同一苜蓿品种在同一区域的大规模连片种植。

(3)加强田间水肥管理,提高植株生长势。

(4)秋末或苜蓿返青前及时清除田间残茬和杂草,降低越冬虫源。

2. 生物防治

(1)天敌自然控制。充分保护和利用天敌资源控制害虫种群,苜蓿田可为天敌昆虫、传粉昆虫、螨类、蜘蛛等提供一个相对稳定、适宜的生存环境,天敌资源非常丰富,对害虫具有显著的控制作用。

(2)微生物农药。选用苏云金杆菌和绿僵菌等新剂型防治蚜虫和螟蛾类。

3. 药剂防治

使用药剂进行防治,应该有针对性地使用选择性强的生物农药和高效、低毒、低残留的化学农药,禁止使用高毒有机磷、有机氯农药,如氧化乐果、久效磷、对硫磷等,严格执行农药安全间隔期标准。施药时要保证药量准确,喷雾均匀,喷雾器械达到规定的工作压力,尽可能在无风条件下施药,施药时间最好在每日10:00以前或17:00以后,施药后12小时内遇降雨应补喷。

4. 物理防治

(1)黏虫板诱杀。蚜虫采用黄板诱杀,蓟马采用蓝板诱杀。诱虫板下沿与植株生长点齐平,随植株生长调整悬挂高度;当诱虫板因受到风吹日晒及雨水冲刷失去黏着力时,应及时更换。

（2）灯光诱杀。防治鳞翅目和金龟甲类害虫可选用频振式杀虫灯防治。采用棋盘式布局，各灯之间的距离为 $200\sim240$ m，灯的底端（接虫口对地距离）离地 $120\sim150$ cm，时间从 20：00 至翌日早晨 6：00。

（3）器械捕杀。利用器械进行捕杀，如带有动力装置的吸虫器。

二、苜蓿病害

病害是苜蓿生产的主要限制因素之一。苜蓿病害不仅使牧草产量大幅度减少，还降低病草中粗蛋白质的含量，增加粗纤维等含量，导致家畜消化率大幅度下降，严重影响苜蓿的饲用价值。

苜蓿病害是由病原真菌、细菌、病毒等多种病原物引起的，受害最大的部位是叶部和根部，通常称为叶部和根部病害。苜蓿常见病害中以空气传播的病害主要有苜蓿白粉病、苜蓿霜霉病、苜蓿褐斑病、苜蓿锈病，以土壤传播的病害主要有苜蓿腐霉根腐病（猝倒病），靠蚜虫等进行汁液传播的病毒、病害主要为苜蓿花叶病毒病。

（一）苜蓿常见病害

1. 苜蓿白粉病

苜蓿白粉病是由白粉菌引起的真菌病害，发病初期，叶背面有絮状白色霉层，正面有不规则褪绿斑，斑点逐渐汇合，叶片变黄；严重时，植株茎、叶、荚果、花柄等均出现白色霉层，霉层呈绒毡状，后期出现褐色或黑色小点，为越冬休眠体。

2. 苜蓿霜霉病

苜蓿霜霉病在我国分布普遍，在早春阴湿条件下易发病，对第一茬产量造成严重损失，也导致秋天种植的苜蓿死亡或不能越冬，是一种危害较大的病害。病株枝条节间缩短，矮小萎缩，株高仅为健康植株的 $1/3\sim1/2$。小叶染病后出现形状不规则的褪绿斑，病斑无明显边缘，逐渐扩大可达整个叶面，严重时病叶坏死、腐烂。

3. 苜蓿褐斑病

苜蓿褐斑病属世界性病害，在我国分布普遍，发病造成叶片脱落，长势减弱，产量损失可达 40%，质量严重下降，已成为苜蓿常发性、危害性最大的病害之一。发病时，叶片上出现圆形褐色斑块，病斑互相合并，后期叶片变黄脱落，严重时植株其他部位均可出现病斑。

4.苜蓿锈病

苜蓿常见病,多在温暖湿润地区的夏秋季节发生。发病时,叶片背面先出现近圆形灰绿色小病斑,然后表皮破裂露出棕色粉末状孢子堆。染有苜蓿锈病的植株含有毒素,不仅影响适口性,还会导致畜禽食后中毒。

5.苜蓿根腐病

主要危害幼苗,苗期全株叶片发黄至红褐色,发病初期根毛和胚根上出现黄褐色小病点,逐渐扩大呈水渍状、边缘不明显的圆形或长圆形病斑,并向根尖和茎基部扩展。主根感病后,早期植株不表现症状,随着根部腐烂程度的加剧,吸收水分和养分的功能逐渐减弱,地上部因养分供应不足,中午光照强、蒸发大,叶片出现萎蔫,夜间恢复。病情严重时,萎蔫状况夜间也不能恢复。病原菌在土壤和残茬中均能长期存活并越冬,在3月下旬至4月上旬发病,5月进入发病盛期。

（二）苜蓿常见病害的防治

苜蓿病害的防治一般是以预防为主,防治结合。主要是选育抗病品种,加强肥水管理,使苜蓿增强抗性,提高苜蓿的生产能力;对苜蓿进行混播、实施草田轮作、倒茬轮作,减少发病率;及时刈割发病苜蓿,及时清理病残体;为防止交叉感染,对刈割机械进行进地前农药消毒;病害发生严重时,可采取药剂防治的方法,要选择高效、低毒、低残留的药剂;做好种子检疫,种植前对田地消毒。

三、苜蓿田杂草

杂草对苜蓿的危害是多方面的。幼苗期,杂草与苜蓿争光、水和营养,使苜蓿幼苗弱小,密度降低,生长缓慢,与杂草相比较呈劣势种群。杂草危害轻者降低饲草产量和质量,重者导致苜蓿建植失败。

春季3～4月份发生危害的杂草主要为阔叶杂草,有播娘蒿、荠菜、朝天委陵、小飞蓬、黄蒿、猪毛菜、独行菜、碱蓬、扁蓄、苣荬菜等。4月中下旬到5月份发生危害的杂草为苍耳、灰菜、酸模叶蓼等。6～8月份雨热同季,杂草萌发量大、生长快,尤其是稗草、芦苇等恶性杂草,刈割后苜蓿地内杂草株高很快超过苜蓿,与苜蓿争光热、竞水肥,呈优势种群,严重影响苜蓿的产量和品质。

大部分地块的杂草分布为镶嵌型分布,少数危害严重的地块为随机分布。上年秋播苜蓿地以越年生杂草发生危害严重,春季萌发的杂草,干旱地密度较小,发生轻,潮湿地块发生重,呈核心分布。夏播苜蓿田内墒情好,光热充足适宜杂草的萌发生长,很容易使杂草泛滥成灾,造成"草荒"。因此,夏播苜蓿地杂草危害最重。黄河三角洲地区夏播苜蓿地的主要杂草有狗尾草、马唐、稗草、马齿苋、反枝苋、打碗花、藜、芦苇、画眉草、苣荬菜等,其分布型为各田块呈均匀分布。

防治杂草是苜蓿栽培中最基本的管理措施之一,一般情况下采取人工和化学药剂相结合的方法。播种前,对地块进行深耕、翻压,有效地抑制前茬杂草的萌生,降低杂草的发生基数。另外,利用除草剂防治苜蓿杂草。现在常用的除草剂主要为土壤处理与茎叶处理两类。综合来说,要想起到良好的苜蓿田杂草防除效果,要多种方法相结合,进行综合防治。

第九章 盐碱地设施蔬菜绿色栽培技术

第一节 番茄绿色栽培技术

一、品种选择和育苗

（一）品种选择

番茄作物是一种广泛种植的中等耐盐蔬菜，而黄河三角洲地区是由黄河淤积而成的，盐渍化严重，且分布不均匀，因此种植番茄应选择较耐盐碱、适于设施栽培的品种，如齐大力、粉宴1号等。大中型番茄品种有：东圣佳宝、北斗新奥、迪芬尼、冬悦、宝冠等；樱桃番茄品种有：红粉天使、改良千禧、世纪吉祥、圣桃、红珍珠等。

（二）浸种催芽

选用饱满的种子常温浸泡6～8小时，然后放置于铺设两层滤纸（吸水纸）的培养皿或其他带盖的容器中，在温度27℃左右的光照培养箱中催芽，并进行遮光，2～3天后50％～70％的种子露白时播种。

（三）育苗

1. 育苗盘育苗

播种在50目的育苗盘内，基质采用了济南商道育苗专用基质。基质转穴盘前要施入过饱和的水，育苗盘下铺设黑膜。这样做的目的：一是防止后期秧苗根系直接扎入土壤中，影响成活率；二是增加地温，促进秧苗生长。在种子露白超60％时播种，播种2天后陆续出苗。出苗后浇透一遍水，待子叶展平要控制浇水，防止秧苗徒长。为了减少移栽时缓苗时间，在播种时一般在种植的设施温室内进行。

2. 温室内营养钵育苗

苗床选择旱能浇、涝能排的高燥地块，营养钵育苗。采用育苗基质，将营养钵摆入提前做好的苗床内。

（四）播种期

选择在 8 月上旬至 9 月上旬播种。

（五）播种方式

催芽、育苗移栽。

（六）播种量

每亩播种量 30～40 g。

（七）播种

1. 播种方法

播种前将营养钵浇透水,待水渗下后,将催好芽的种子播入,然后覆盖过筛细土 1 cm。播完种后,苗床上扣防虫网防虫、盖塑料薄膜遮阳防雨。

2. 苗期温度管理

苗期的温度管理见表 9-1。

表 9-1　苗期的温度管理

物候期	温度管理指标/℃	
	夜间	白天
出苗时	25～30	18～20
子叶伸展后	20～22	16～18
1～2 片真叶后	25～28	15～20

3. 其他管理

育苗期气温较高,蒸发量大,3～5 天浇一次水,保持畦面见干见湿,不追肥。当植株高 20～25 cm,具有 4～5 片真叶时定植。

二、定植前准备

（一）扣棚

8 月下旬扣棚,每亩覆盖聚氯乙烯无滴膜或 EVA 多功能复合膜 150 kg。

（二）整地做槽

将设施土壤地面整平后,按 0.8～1 米的槽距,挖制上口宽 40 cm,底宽 25 cm,深度 35 cm 的栽培土槽,栽培槽横断面为等腰梯形。栽培槽内留有 1/3

原土,栽培槽不铺放塑料薄膜。

(三)配制栽培基质

栽培槽内栽培基质按照原土∶牛粪∶蘑菇菌渣＝1∶2∶2的体积比配制,且每亩地加入 5 袋发酵烘干颗粒有机肥,4 种材料拌匀铺设,栽培槽上面覆盖黑色地膜。蘑菇菌渣需经堆置高温发酵一周,晾晒后施用。

(四)施基肥

结合整地将有机肥施入,每 667 m^2 施腐熟优质农家肥 5～6 t、腐熟豆饼150 kg、磷酸二铵 50 kg、硫酸钾 20 kg。

三、定植

(一)定植时间

9月上旬至10月上旬。

(二)定植方法

挖穴定植,封穴后小沟内浇足水,苗周围不要与黑色薄膜接触,用栽培土隔离。

(三)定植密度

大行距 80 cm,小行距 60 cm,株距 35 cm。

四、栽培管理

(一)浇水

移栽定植后浇透水,缓苗后棚内温度较高,土壤和作物蒸腾量大,浇水量应加大,栽培基质相对含水量维持在 75%～80%,并根据天气结合通风;生长期、开花期、坐果期要采用小浇、勤浇的原则,根据秧苗根部周围的土壤干旱程度浇水,以免棚内湿度过大,发生霜霉病、灰霉病等。

(二)追肥

采用了山东省农业大学罗新书教授的水肥一体化及配方冲施肥,在开始坐果期冲施,然后间隔 7～10 天冲施 1 次,共冲施 3～4 次。两种配方施肥,每次各1 袋,加入 25～30 kg 水,搅拌均匀,然后分 3～4 次随水冲施。

(三)温光管理

1.温度管理

定植后 5~6 天,白天室内温度不超过 30 ℃不放风;缓苗后,白天 25 ℃,夜间 15~18 ℃,开花后白天 28 ℃,夜间 10~15 ℃;果实膨大期,晴天上午温度 30 ℃放风,傍晚气温降至 16 ℃时关闭通风口;深冬低温季节(12 月下旬至 2 月上旬)白天 20~27 ℃,夜间 10 ℃左右;2 月中旬后,白天 25~28 ℃,夜间 12 ℃左右。

2.草苫揭盖管理

经常清扫薄膜上的碎草和尘土,上午揭草苫的适宜时间,以揭开草苫后室内气温无明显下降为准。下午棚温降至 18~20 ℃时盖草苫;11 月上旬至 12 月下旬,早揭晚盖;12 月下旬至 2 月上旬,早揭早盖;2 月上旬至 4 月下旬,早揭晚盖。连续阴天时,仍要揭草苫,下午早盖。久阴乍晴时,陆续间隔揭草苫。

3.水肥管理

浇足定植水和缓苗水后,在第一穗果座住前一般不浇水;严冬季节土壤干旱时,膜下浇小水。第三花序开花、第一果穗座住并开始膨大时追第一次肥,每 667 m^2 施磷酸二铵 20 kg,第三穗果膨大后,每 667 m^2 追施硫酸钾 20 kg。翌年 2 月中旬至 3 月中旬,每 14~16 天浇水一次,每次每 667 m^2 冲施腐熟豆饼 70 kg 或氮、磷、钾复合肥 20 kg。3 月中旬以后,每 7~10 天浇水一次,每浇两次水追肥一次,每次每 667 m^2 冲施氮、磷、钾复合肥 20 kg。

雾霾天气严重,弱光天气较多,在不降低温室气温的前提下,尽量多争取接受太阳光,在极端天气下采取补光的措施,夜间温度不低于 10 ℃,白天 27~28 ℃,保证植株正常生长。缓苗生长期全天打开上下通风口,外界温度高,降低棚内温度;开花期要保持温度 27~28 ℃,不能超过 35 ℃,否则花瓣畸形;坐果变色期,棚内温度要稍高,温度低,果实变色不均匀,形成"地图式"畸形果。

4.CO_2 施肥

越冬期间,晴天上午 9~10 时,实行 CO_2 施肥,适宜浓度为 1 500~2 000 mg/kg。

(四)病虫害防治

1.农业防治

采用剪除病虫枝、清除枯枝落叶、合理调控温湿度及科学施肥等措施抑制病虫害发生。

2. 物理防治

悬挂大小为 20 cm×30 cm 的黄板,涂上机油或悬挂黄色黏虫胶纸诱杀蚜虫、温室白粉虱、美洲斑潜蝇等。

3. 生物防治

用丽蚜小蜂防治白粉虱,当番茄每株有白粉虱 0.5~1 头时,每株放丽蚜小峰成蜂 3 头或黑蛹 5 头,每隔 10 天放一次,连续放三次。

4. 化学防治

盐碱地设施内虫害主要是白粉虱和潜叶蝇,严格在通风口处加设防虫网,降低飞虫传播和相互感染。病害一般以预防为主,在缓苗后先喷施一次百菌清,然后在生长期每 7~10 天喷施一次,预防黄叶、霜霉病、灰霉病等病害。

(1)蚜虫防治。应使用符合 NY/T 393 要求的农药,每 667 m² 用 10% 吡虫啉可湿性粉剂 10 g 稀释 4 000~5 000 倍喷雾。

(2)番茄早、晚疫病防治。应使用符合 NY/T 393 要求的农药,如每 667 m² 用 72.2% 普力克水剂 60 mg 稀释 1 500~2 000 倍喷雾。

(3)番茄病毒病防治。发病期应使用符合 NY/T 393 要求的农药,如每 667 m² 用 20% 毒克星可湿性粉剂 10 g 稀释 1 000~1 500 倍喷雾。

(五)植株调整

1. 整枝

(1)植株高达 30 cm 以上,用尼龙绳或塑料绳吊蔓。

(2)番茄生长旺盛,生长势强,要及时打叉,采用单干整枝法,4 穗果后摘心。在果实变色期摘除底部老叶,一般是第一穗果上部 1~2 片叶处,提高果实透光性,增加变色速度。在整个生长期及时摘除落蔓和病叶,防止病害发生。

(3)樱桃番茄采用双干整枝法。

2. 打杈去老叶

在晴天下午,进行打杈及打老叶。打杈时掰杈的手只接触杈子,不接触主干。随采收随将果穗下面的老叶摘除。

五、适时采收

采收原则是适时采收,运输出售可在变色期(果实的 1/3 变红)采摘。就地出售或自食应在成熟期即果实 1/3 以上变红时采摘。

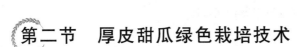

第二节　厚皮甜瓜绿色栽培技术

一、育苗

(一)播种前准备

1.日光温室消毒

用高锰酸钾加甲醛消毒法。具体方法如下：每 667 m² 温室可用 1.65 kg 高锰酸钾、1.65 kg 甲醛、8.4 kg 开水消毒。将甲醛加入开水中，再加入高锰酸钾，产生烟雾反应。封闭 48 小时消毒，待气味散尽后即可使用。

2.穴盘、平盘消毒

用 40％福尔马林 100 倍液浸泡苗盘 15～20 分钟，然后在上面覆盖一层塑料薄膜，闷闭 7 天后揭开，再用清水冲洗干净。

3.育苗基质及配比

基质可选用优质草炭、蛭石、珍珠岩按体积配比 3：1：1 配置。每立方米加入 1～2 kg 国标复合肥，同时加入多菌灵、百菌清，配比为多菌灵∶百菌清∶基质 ＝1∶1∶1 000，搅拌均匀，用于基质消毒。

4.育苗穴盘的选择与装盘

砧木选用 50 孔或 72 孔穴盘。将含水量 50％～60％的基质装入穴盘中，稍稍镇压，抹平即可。不可过于镇压以免影响幼苗生长。

(二)品种选择

(1)砧木品种以南瓜为主，所选砧木与接穗亲和力强、共生性好，且抗厚皮甜瓜根部病害、对产品品质影响小，嫁接优势表现明显。

(2)接穗品种应选择符合市场需求，早春保护地栽培耐低温、弱光、早熟、结果率高、商品性好的品种。

(三)种子处理

1.接穗种子处理

播种前将接穗种子晾晒 4～6 小时。用 55～60 ℃的温水浸种，边倒水边搅拌至水温降至 30 ℃时加入 1‰植物诱抗剂 OS-施特灵再浸种 3～4 小时。

2.砧木种子处理

播种比接穗提早 5 天，先将种子晾晒 3～5 小时后，置入 65 ℃的水中烫种，水温降至常温后浸种 7～12 小时。

3. 催芽

在铺有地热线的温床或催芽室内进行催芽。催芽温度控制在 30～32 ℃，50% 的种子露白时停止人工加温，待播。

（四）播种

日光温室播期为 12 月中旬至翌年 1 月下旬。拱圆形大棚播种期为 2 月上旬至 2 月下旬。

（五）嫁接

1. 适于嫁接时砧木、接穗的形态标准

砧木第一片真叶露心，茎粗 2.5～3 mm，嫁接苗龄 12～15 天；接穗子叶展平、刚刚变绿，茎粗 1.5～2 mm，嫁接苗龄 10～13 天。

2. 插接法嫁接

将砧木真叶和生长点剔除。用竹签紧贴砧木任一子叶基部内侧，向另一子叶基部的下方呈 30～45° 斜刺一孔，深度 0.5～0.8 cm。取一接穗，在子叶下部 1 cm 处用刀片斜切 0.5～0.8 cm 楔形面，长度大致与砧木刺孔的深度相同，然后从砧木上拔出竹签，迅速将接穗插入砧木的刺孔中，嫁接完毕。

（六）苗期管理

1. 温度

嫁接后前 6～7 天白天应保持 25～28 ℃、夜间 20～22 ℃，伤口愈合后白天温度 22～30 ℃、夜间 16～20 ℃。

2. 湿度

苗床盖薄膜保湿，所用薄膜应符合 GB 13735 的规定。嫁接后前 3 天保持空气相对湿度 95% 以上，6～7 天后湿度控制在 60%～70%。

3. 光照

嫁接后前 3～4 天晴天可全日遮光，以后逐渐增加见光时间，若遇阴雨天，光照弱，可不遮光。

4. 肥水管理

嫁接苗不再萎蔫后，视天气情况，5～7 天浇一遍肥水，可选用磷酸二氢钾等优质叶面肥料。

5. 炼苗

应在定植前炼苗，注意猝倒、蔓枯病、立枯病、蚜虫、白粉虱、美洲斑潜蝇的防治。

（七）壮苗标准

苗高 10～12 cm，二叶一心，健壮无病虫害，节间短粗，叶片浓绿，根系发达，嫁接苗龄 35 天左右。

二、定植

（一）整地施肥

定植前 10～15 天，提高大棚内的温度，浇水造墒，深翻耙细，整平，结合整地每 667 m² 施用腐熟圈肥 4 000～5 000 kg、腐熟鸡粪 2 000 kg、过磷酸钙 50 kg、三元素复合肥 150 kg（或磷酸二铵 100 kg、磷酸钾 40 kg）。按小行距 65～70 cm、大行距 80～85 cm 种植。前茬作物是瓜类蔬菜的大棚，可于垄底每 667 m² 施敌克松 1.5 kg 进行土壤消毒。

（二）定植时间与方法

日光温室为 1 月上旬至 2 月下旬。拱圆形大棚为 3 月上旬至 3 月下旬。

定植宜选择晴天上午进行。开沟，先浇水，然后按 45～55 cm 的株距栽苗，栽植深度以基质与地面齐平为宜。每 667 m² 植 1 500～1 700 株，定植后盖严大棚膜提温。

（三）田间管理

1. 温度管理

缓苗前白天温度保持在 30 ℃左右，夜间不低于 20 ℃；缓苗后到开花坐果前白天温度保持在 25～28 ℃，夜间 16～18 ℃，当温度高于 35 ℃或湿度大于 60% 时应揭开棚膜通风；座住瓜后，气温要求白天 28～32 ℃，不超过 35 ℃，夜间 15～18 ℃，保持 13 ℃以上的昼夜温差。

2. 肥水管理

定植后至伸蔓前，控制浇水。伸蔓期每 667 m² 施尿素 15 kg、磷酸二铵 15 kg，施肥后随机浇水。开花后一周内控制水分。幼瓜鸡蛋大小时，可每 667 m² 追施硫酸钾 10 kg、磷酸二铵 20 kg，随水冲施。此后隔 7～10 天再浇水，视土壤情况而定。生长期内可叶面喷施 2～3 次磷酸二氢钾、光合微肥、绿叶宝等叶肥，促进植株的生长发育。

3. 整枝、吊蔓

进行双蔓整枝或子蔓做主蔓整枝时，幼苗长到 4～5 片真叶时摘心，保留健壮的子蔓。可用尼龙绳或麻绳牵引，将子蔓缠在绳上，并及时摘除其余的侧枝。

4. 授粉、留果、吊瓜

在预留结果节位的雌花开放时，于上午 8：00～10：00 进行人工辅助授粉。1 株选留 1 个鸡蛋大小端正、较长的幼果。主蔓长到 25～30 片时，即可摘心。为防止成熟时果实从主蔓掉落到地面，可以把果实用网或绳吊住。

三、病虫害防治

（一）防治原则

按"预防为主、综合防治"的方针，以生物防治、农业防治和物理防治为基础，合理使用化学防治。

（二）主要病虫害

主要病害为霜霉病、蔓枯病、炭疽病等，主要虫害有白粉虱、蚜虫、美洲斑潜蝇等。

（三）物理防治

设黄板诱杀蚜虫和白粉虱，发现病株、病叶及时清除、烧毁或深埋并撒石灰消毒。

（四）生物防治

保护、利用自然天敌如瓢虫、草蛉、蚜小蜂等对蚜虫自然控制。积极推广植物源农药、农用抗生素、生物农药等防治病虫。

（五）化学防治

1. 化学防治总则

严格按照 NY/T 393 规定选用生物制剂或高效、低毒、低残留，与环境相容性好的农药，且不同农药应交替使用，任何一种化学农药在一个栽培期内只能使用一次。

2. 对霜霉病的防治

每 667 m^2 使用 72％克露可溶性粉剂 30 g，稀释 800 倍于收获前 30 天喷雾一次进行防治。

3. 对蔓枯病的防治

每 667 m^2 使用 70％代锰锌可溶性粉剂 25 g，稀释 500 倍喷雾防治。

4.对炭疽病的防治

每 667 m² 使用 80％炭疽福美可溶性粉剂 30 g,稀释 800 倍喷雾防治。

5.对温室白粉虱的防治

每 667 m² 使用 3％啶虫脒 20 g,稀释 1 000 倍喷雾防治。

6.对蚜虫的防治

每 667 m² 使用 10％吡虫啉可溶性粉剂 20 g,稀释 1 500 倍喷雾防治。

7.对美洲斑潜蝇的防治

每 667 m² 使用 48％乐斯本乳油 30 g,进行防治。

四、采收及采后处理

(一)采收

应根据授粉日期,推算果实的成熟度,并根据果皮网纹的有无、皮色的变化等综合判断采收时期。果实成熟时蒂部易脱落品种及成熟时果肉变软不耐藏品种,应及时或适当早收。采收应在清晨进行,采收后存放于阴凉处。

(二)采后处理

采后剔除病、虫、伤果,有泥沙的应清洗,达到感官洁净。根据大小、形状、色泽进行分级包装。包装贮存容器应光洁、平滑、牢固、无污染、无异味、无霉变,避免二次污染。

第三节　西瓜绿色栽培技术

一、品种选择与育苗

(一)品种选择

选用抗逆性强、高产、优质,适合本地生长的优良品种。

(二)种植时间

12 月播种育苗,翌年 2 月上中旬定植,5 月上旬收获。

(三)育苗

采用嫁接育苗,砧木播种要比接穗早 5～7 天。砧木种子播于营养钵内,接穗种子播于营养钵内或苗床上。待砧木一叶一心、西瓜真叶初露时适时嫁接。

嫁接方法采用顶插法,嫁接后进行遮阳,避免阳光直射,白天保持在 25～28 ℃,夜间 18～22 ℃,空气湿度控制在 70% 以上,4～5 天后适当通风降湿,7 天后逐步揭去覆盖物,适度透光,10 天后转入正常管理,白天控制温度 20～25 ℃,夜间 15～17 ℃,防止高脚苗出现。定植前要适当降温炼苗 1 周。

二、定植前准备

(一)整地、施肥

在准备种瓜的地块,冬前深耕 20～30 cm,早春耙耱保墒。每 666.7 m² 施优质有机肥(以优质腐熟猪厩肥为例)4 000～5 000 kg、氮肥(N)6 kg、磷肥(P_2O_5)3 kg、钾肥(K_2O)7.3 kg,或使用按此折算的复混肥料。根据所种品种特点,按照 160～180 cm 的沟距进行整地,开沟施肥。墒情不足,要早造墒,确保田间墒情。整地时按照所需的行距,开宽 50 cm、深 35～40 cm 的丰产沟,先挖一锨深,把土放在一边,然后把 50% 的有机肥及 50% 的化学肥料均匀撒于沟内,用镢刨 20 cm 深,使土与肥混合。然后把剩余的肥料,在扣棚后,随填已挖出的熟土一起均匀施入沟里,使土与肥充分混合后,做成高 10 cm 左右、宽 50 cm 左右的瓜垅,覆上地膜升温预热。

(二)扣棚及管理

定植前 7～10 天,选择晴天扣棚,以利棚内温度的提升。扣棚后注意大棚骨架的稳固和薄膜密闭,若有孔洞和撕毁要及时查补。扣棚后及时整畦和全棚覆地膜、浇透水一次。若加盖三膜、四膜,为方便操作可在定植后进行,也可在此时进行。

三、移栽

(一)移栽

当棚内土壤 10 cm 深,土壤温度稳定在 15 ℃ 以上,日平均气温稳定在 18 ℃ 以上,凌晨最低气温不低于 5 ℃ 时即可定植。定植密度根据品种说明种植即可。定植时应保证幼苗茎叶和根系所带营养土块的完整,定植深度以营养土块的上表面与畦面齐平或稍深,保证嫁接口应高出畦面 1～2 cm。

(二)缓苗期管理

防治病虫危害,死苗后应及时补苗。定植后白天棚内气温控制在 30 ℃ 左右,夜间温度保持在 15 ℃ 左右,最低不低于 5 ℃。在湿度管理上,一般底墒充足,定植水足量时,在缓苗期间不需要浇水。

四、生长期管理

(一)伸蔓期管理

1. 整枝压蔓

实行 2～3 蔓整枝,生长方向一致的多余枝蔓全部去掉。一般田压阳蔓,有旺长趋势瓜田压阴阳蔓,根据长势而定。秧蔓长到 50 cm 左右时压一次,一般压 2～3 次。

2. 温度管理

白天棚内温度控制在 25～28 ℃,夜间棚内温度控制在 13～20 ℃。

3. 水肥管理

缓苗后浇一次缓苗水,水要浇足,以后如果土壤墒情良好,开花坐果前不再浇水,如果确实干旱,可在瓜蔓长 30～40 cm 时再浇一次小水。为促进西瓜营养面积迅速形成,在伸蔓初期结合浇水每 667 m² 追施速效氮肥(N)5 kg,施肥时在瓜沟一侧离瓜根 10 cm 处开沟或挖穴施入。

当采用小拱棚、大棚内加小拱棚的栽培方式时,应在瓜蔓已较长、相互缠绕前、小拱棚外面的日平均气温稳定在 18 ℃ 以上时将小拱棚拆除。

(二)坐果初期管理

1. 温度管理

采用全覆盖栽培时,开花坐果期植株仍在棚内生长,白天温度要保持在30 ℃ 左右,夜间不低于 15 ℃,否则将坐果不良。

2. 水肥管理

不追肥,严格控制浇水。在土壤墒情差到影响坐果时,可浇小水。

3. 人工辅助授粉

每天上午 9 时以前用雄花的花粉涂抹在雌花的柱头上进行人工辅助授粉。无籽西瓜的雌花用有籽西瓜(授粉品种)的花粉进行人工辅助授粉。

4. 整枝压蔓

待幼果生长至鸡蛋大小,开始褪毛时,进行选留果,一般选留主蔓第二或第三雌花坐果,采用单蔓、双蔓、三蔓整枝时,每株只留一个果,采用多蔓整枝时,一株可留两个或多个果。压蔓时要瓜前紧,瓜后松,否则易落瓜。瓜下应垫干草,防止膜面高温日烧或瓜下过湿烂瓜。

（三）果实膨大期管理

1. 温度管理

大棚种植,此时外界气温已较高,要适时放风降温,把棚内气温控制在 35 ℃以下,但夜间温度不得低于 18 ℃。

2. 水肥管理

在幼果鸡蛋大小开始褪毛时浇第一次水,此后当土壤表面早晨潮湿、中午见干时再浇一次水,如此连浇 2～3 次水,每次浇水一定要浇足,当果实定个(停止生长)后停止浇水。结合浇第一次水追施膨瓜肥,以速效钾肥为主,每 667 m² 的施肥量为磷肥(P_2O_5)2.7 kg、钾肥(K_2O)5 kg,也可每 667 m² 追施饼肥75 kg。瓜肥以随浇水冲施为主,尽量避免伤及西瓜的茎叶。

3. 其他管理

在幼果拳头大小时,将幼果果柄顺直,然后在幼果下面垫上麦秸、稻草,或将幼果下面的土壤拍成斜坡形,把幼果摆在斜坡上。当瓜长到碗口大小时,选晴天上午进行第一次翻瓜,使靠地面向阳,翻转 15°左右。当瓜长到应有大小的一半时,进行第二次翻瓜。定个前,即长到瓜应有的大小时,翻第三次。果实停止生长后翻瓜要在下午进行,顺着一个方向翻,每次的翻转角度不超过30°,每个瓜翻2～3 次即可,翻瓜能提高西瓜品质,防止产生"阴阳瓜"。

五、采收

西瓜成熟后,果实坚硬光滑并有一定光泽,皮色鲜明,花纹清晰。可根据品种特性确定西瓜成熟后,适时全部采收。早熟品种外销时可适当提前采收。采收时间以早晨或傍晚为宜。采收时用剪刀将果柄从基部剪断,每个果保留一段绿色的果柄。

六、病虫害防治

病害以猝倒病、炭疽病、枯萎病、病毒病为主,虫害以种蝇、瓜蚜、瓜叶螨为主。防治原则"以防为主,综合防治"。优先采用农业防治、物理防治、生物防治,配合使用无公害农产品生产允许使用的化学农药。严禁使用高毒、高残留的农药。

 # 山东陆地鲜食葡萄栽培技术

葡萄在我国果树生产中具有举足轻重的地位,与苹果、柑橘、香蕉、梨和桃并称为我国六大水果。从2011年起,我国鲜食葡萄产量已稳居世界首位;到2014年,我国葡萄栽培面积已跃居世界第二位,葡萄酒产量居世界第八位。中国已经成为世界葡萄生产大国。据农业部统计,截至2015年底,中国葡萄栽培面积达1 198.5万亩,比2014年增长0.4%,产量1 366.9万吨,同比增长9%,葡萄酒产量114万吨。特别是近10年来,葡萄栽培面积、产量迅猛上升。

截至2018年,山东省葡萄栽培面积为54.3万亩(其中,鲜食葡萄约40万亩,酿酒葡萄接近15万亩),产量109.4万吨,分别约占全省水果总量的6.3%和6.5%,约占全国葡萄总量的5.4%和8.4%,分居全国第五位和第四位。山东是葡萄酒产业大省:2018年,产量约26万千升,约占全国总量的41%;产值157亿元,约占全国的55%;利润约21亿元,约占全国的67%。山东是我国重要的葡萄酒产区之一。

东营市截至2018年葡萄种植面积1.35万亩,产量1.7万吨,约占全市果树面积的11.25%,产量约占全市果品产量的15.37%。

第一节 山东省葡萄产业现状

一、基本情况

从全省葡萄产业分析,目前已经基本形成了胶东半岛葡萄及葡萄酒优势区、鲁中南鲜食葡萄优势区的格局。我省鲜食葡萄第一大品种仍然是巨峰,面积超过10万亩;其次为红地球和玫瑰香,面积均为6.5万亩左右;其他栽培品种有泽香、阳光玫瑰、藤稔、克瑞森无核、夏黑等。近年来阳光玫瑰的种植面积有所增加,但总量仍较少;酿酒葡萄第一大品种为赤霞珠,面积近7万亩,其他栽培品种有蛇龙珠、霞多丽、贵人香、马瑟兰等。主要以露地栽培为主,部分地市有冬暖棚提早成熟设施栽培、简易促早设施栽培和部分避雨栽培模式。

二、存在的主要问题

全省葡萄产业存在的主要问题表现为：品种结构不合理，早、晚熟品种比例少；苗木质量标准性差，缺少统一标准和监管；管理水平和产业化水平落后；机械化水平低，投入成本不断增加；防止旱涝、冰雹、病虫鸟害等能力不足。

三、今后发展方向

今后的主要发展方向：一是优化布局结构，早、中、晚熟品种合理搭配，提升葡萄果品质量和档次；二是建立省级葡萄良种苗木和砧木繁育中心，为全省葡萄产业提供优质、标准的苗木；三是推行省力化标准园建设，强化基础设施投入，提高减灾防灾能力，适度增加设施栽培；四是提高组织化经营程度，拓展葡萄产业功能，增加农民收入。

黄河三角洲地区，土壤盐渍化程度较高，要从选址、选品种、选砧木、选择栽培模式等方面慎重选择，确保盐碱地栽培葡萄的品质与产量，提高盐碱地区葡萄种植户的收入。

第二节　适宜发展的主要品种与砧木

一、主要品种

按照成熟期不同，适宜黄河三角洲滨海盐碱地区发展的葡萄主要有以下品种：

（一）极早熟、早熟品种

早夏无核、夏黑、春光、蜜光、维多利亚等。

（二）中熟品种

巨峰、玫瑰香、泽香、泽玉、藤稔、巨玫瑰、无核白鸡心等。

（三）晚熟品种

克瑞森无核、红地球、摩尔多瓦、阳光玫瑰。

二、适宜的砧木

滨海盐碱地要注意选择耐盐砧木，目前对砧木耐盐性研究还不系统，初步研究认为 1103 P、5 BB 具有一定的耐盐能力。

第三节　盐碱地高标准建园

一、科学选址

建园是葡萄栽培的一项重要基本建设,建园涉及多项科学技术的综合配套,必须进行综合考察论证,全面规划,精心组织实施,使之既符合现代果品生产要求,又具有现实可行性。葡萄园建园时需要综合考虑当地的气候、土壤、交通和地理位置等条件。在黄河三角洲地区普遍存在土壤含盐量高、有机质含量低、土壤板结黏重、地下水位高等问题,需要通盘考虑。一般建议在黄河三角洲地区建立高标准葡萄园土壤含盐量在0.4%以下,地下水位常年保持在1米以下,四周排水良好,土质疏松,土壤有机质通过施肥改造不低于1%的地块建园。另外,交通方便,地势开阔向阳、避开风口、水源充足、无污染、无重茬等也是建园需要统筹考虑的因素。

二、合理规划

遵循"因地制宜,节约用地,合理利用,便于管理,园貌整齐,持续发展"的原则对园区进行规划设计,内容主要包括种植作业区、园内道路系统、灌排设施等。各部分占地比例原则是:种植作业区占地90%左右,园内道路系统占3%左右,灌排设施占1%左右,防风林占5%左右,其他辅助设施占1%左右。

(一)种植作业区规划布局

为便于操作管理,本着有利于水土保持,防止风害,便于运输和机械化作业等原则,小区面积较大的可划分成若干个小区。一般小区宽度200 m,长度400 m左右,120亩左右。小区的长边应与主风带垂直。

(二)道路及灌排设施规划布局

道路系统主要是为了提高日常的管理和运输效率,其规划设计应根据实际情况安排。一般将道路设在防护林的北侧。大型园区要有主路、支路和小路,主路宽7～8 m,横贯全园;支路设在每个小区的中间,宽4～6 m;小路宽2～4 m。

灌排系统:目前,现代化果园普遍使用了滴管和喷灌设施,解决了过去设置农渠、毛渠和灌水区的土地和水资源的浪费等问题;但是在黄河三角洲盐碱地区排水系统是非常重要和必备的,既能起到排水防涝作用,又能起到降低地下水位和土壤脱盐的作用。排水沟分为农沟和毛沟,农沟设在两个小区之间,与小区长度相等,在小区内设毛沟,与农沟垂直,长度与小区宽度一致。最后农沟与园区外大的排水系统相连,确保园内多余积水及时排到园外。需要注意的是,对于土壤黏重板结、含盐量高的地块,排水系统要适当加大设置密度。

(三)防护林规划布局

营建防护林不仅可以改善葡萄园的生态条件,还可以起到抑制土壤盐分上升的作用。防护林一般包括主林带和副林带,主林带与主风向垂直,以4~6行乔木、2行灌木栽植在小区的长边;副林带以3~4行乔木、1~2行灌木栽植在小区的短边。盐碱地区树种的选择,除了考虑不选葡萄病虫害的中间寄主外,还要注意选择耐盐碱的树种,如乔木有毛白杨、榆树、刺槐、白蜡等,灌木主要有紫穗槐、花椒、柽柳等。

三、高标准定植

(一)栽培架式选择

定植前需要确定栽培的架式。目前在黄河三角洲地区,大田生产主要选用篱架,部分观光果园、道路两侧、庭院、少数对日烧敏感的品种等选用棚架栽培。

1. 篱架

篱架主要包括单臂篱架、双臂篱架、篱棚架、"T"形架等架式,适宜生长势中庸及偏弱的品种以及避雨栽培方式。

单臂篱架:采用南北行向栽植,沿葡萄栽植行向设一排水泥柱或镀锌立柱,立柱距葡萄栽植行30~40 cm,架面与地面垂直。一般架高150~180 cm。架上横拉2~4道铁丝。行内每600 cm设一支柱。边柱埋入土中70 cm,在其内侧用支柱加固或者边柱稍向外倾斜,并在其外侧用锚石固定。最下面第一道铁丝距离地面50~60 cm。单臂篱架的优点是:有利于通风透光,提高浆果品质,田间管理方便,又可密植,达到早期丰产,便于机械化耕作、喷药、摘心、采收及培土防寒,节省人力。缺点是:易长势过旺,枝叶密闭,结果部位上移,难以控制;下部果穗距地面较近,易被污染和发生病虫害。

"T"字形架:近几年应用逐渐增多。架高1.5~2 m,在立架面上拉2~3道铁丝,间距40~50 cm,棚面宽0.8~1 m,横拉4道铁丝。"T"形柱每隔4 m设一根。这种架式通风透光性好,病虫害较轻,适于无强风地区,较单臂篱架增产,并缓和树势,适于机械喷药、夏剪等作业。

2. 棚架

主要有大棚架、小棚架、水平式棚架、倾斜式棚架和屋脊式棚架等。适宜对日烧敏感的品种,抗逆栽培以及观光园,目前常用的主要是小棚架。

小棚架架长多为 5～6 m,架根(靠近植株处)高 1.2～1.5 m,架稍高 1.8～2.2 m,柱距 3 m,葡萄株距 1.5～3 m。架柱为水泥柱或镀锌钢柱,各柱之间用钢丝纵横向连接以支撑拉丝;在与新梢延伸垂直的方向,用 16～18 号热镀锌钢丝或 2.5 mm 塑钢丝,按 30 cm 间距形成平面网架。因其架短,葡萄上下架方便,目前在中国防寒栽培区应用较多。

(二)科学定植

1. 合理密度

合理的密度是丰产优质的前提条件,气候、品种、土壤条件、架式、机械化程度等决定了葡萄的栽植密度。一般选择棚架的葡萄品种,多生长势强,株距较大,采用篱架的一般行距 2.5～3 m,便于机械操作,株距 1～2 m,可以采取前期获得群体产量后,后期计划性间伐。

2. 栽植时期

可分为秋栽和春栽,在秋季葡萄休眠后土壤封冻前或春季土壤解冻后葡萄发芽前均可。

3. 苗木选择

注意苗木来源的可靠性,需要提前预订。选择健壮的一级苗,定植前对机械损伤等及时进行修剪,将苗木全部置于清水中浸泡 12 小时,再用 70% 甲基托布津与 2% 阿维菌素 800 倍液进行杀菌和杀虫处理。苗木过多时要尽量沾上泥浆保湿。

4. 栽植方法

需要提前挖好定植穴或定植沟,一般挖定植沟宽度 60～80 cm,深度 80 cm。表层土和深层土要分放,每亩施腐熟的有机肥 5 000 kg、过磷酸钙 50 kg,与表层土充分混合均匀,在定植沟或穴内先放入 20 cm 左右作物秸秆,再回填已经混合了有机肥的表层土,按照常规苗木栽植方法进行,注意埋土深度不要超过原栽植深度,及时提苗、踩实等。及时覆盖地膜,保温、保墒、防止盐碱上升等。按照设计要求安装滴灌等水肥一体化设备,灌足水分,保证苗木成活。

5. 盐碱地限根栽培

土壤盐碱化程度较高的园地,可以选择限根栽培。它是选择建立一定大小的定植池、定植容器或者简易的塑料隔离槽等,更换优质、含盐量低的肥沃的栽培土壤,将葡萄的根系限定在固定范围内的一种栽培方式。其优势是可提高肥料利用率,控制旺长,促进养分向果实积累,便于实现灌水和施肥的自动化和省力化,可不受地域土壤限制等。

(三)避雨栽培

葡萄避雨栽培可以起到减少葡萄病害,减少裂果、减灾避灾等作用。目前主要选择简易避雨棚,具体做法是:在原水泥立柱顶端加固 1.2～1.6 m 横梁和 0.6～1 m 支柱,横梁两端拉铁丝,在距离支柱顶端 5～10 cm 处沿行向拉一铁丝,在原行向的两端加一长横梁固定铁丝,用竹片作拱,固定于横梁两端的铁丝上,拱顶部与另一铁丝固定,上面覆膜,膜厚一般为 0.03～0.06 mm,膜上压上交错的压膜线并固定在拱片两端,做好立柱的固定等工作。避雨膜一般在 3 月底至 4 月中旬完成,在 10 月底至 11 月将避雨膜拆下。

第四节　土、肥、水管理

一、土壤管理

葡萄园的土壤管理是通过合理耕翻、地面覆盖、种植间作物等农业措施,改善土壤结构,增加土壤肥力,为葡萄生长提供良好的根际环境。

(一)园地深耕

在葡萄秋季采收后或在春季葡萄出土上架后进行一遍深耕,深度在 30 cm 左右,离植株最好在 50～80 cm,以免损伤根系。太重深耕有利于增加根系的透气性,促进根系活动。

(二)中耕除草

中耕是在葡萄生长季节进行的土壤管理。春季中耕可切断土壤毛细管,减少地面蒸发,防止地下盐分的上升,有保墒控盐作用。夏季中耕主要是疏松土壤和铲除杂草。中耕深度宜浅,一般 10 cm 左右,全年 6～8 次。

(三)间作和覆盖

近年来,种植户普遍认识到,果园不宜使用除草剂,而在葡萄行间种植适宜的绿肥植物如苜蓿、长柔毛野豌豆、星星草等,用碎草机定期修剪 3～4 次。秋季果实采收后及春季开花前进行机械翻耕,不仅不会影响葡萄的生长,还会控制土壤盐分的上升,增加地面覆盖,提升土壤的有机质含量,若结合行内覆盖黑地膜、园艺地布或无纺布等,效果更佳。

二、施肥管理

2000 年国家轻工局颁布的葡萄酒生产管理办法规定,生产一吨酿酒葡萄所需要吸收的元素量:氮 8.5 kg、磷 3.0 kg、钾 11.0 kg、钙 8.4 kg、镁 3.0 kg、硫 1.5 kg 及其他微量元素。不同生长期葡萄对营养的需求不同,一般萌芽后,随着新梢生长,叶面积逐渐增大,对氮肥的需求迅速增加;随后,浆果生长和发育对氮肥的需求量加大,植株对氮肥的吸收量明显增多;在开花、坐果后,磷的需求量稳步增加;在浆果生长过程中钾的吸收量逐渐增加,以满足浆果的生长发育需要。因此,合理施肥对保证葡萄优质高产意义重大。

生产中一般采用"基肥为主、追肥为辅、分期施用"的原则。近年来,随着水肥一体化技术的发展,主要是根据土壤及植株营养情况进行配方施肥,采用水肥一体化技术进行减量施肥,多施有机肥,严格控制化肥使用量,避免环境污染。

(一)基肥

基肥是全年施肥的重点,是长期供给营养的基础肥料。基肥一般于果实采收后越早施入越好,有利于树体吸收利用。以腐熟的农家肥或商品性有机肥为主,每亩用量 1 000 kg 以上,同时加入年施肥量 20％～25％的氮磷钾复合肥等。在距离树干 40～60 cm 处开 30～40 cm 深的沟,将肥料均匀撒入沟内并直接覆盖,可单侧施肥,隔年交替。

(二)追肥

1. 根际追肥

主要追肥时期分别为萌芽前、幼果期、果实着色期及采果后,可追肥 3～4 次;实施水肥一体化的葡萄园则要增加追肥次数至 6～8 次。以氮磷钾复合肥为主,不同时期比例不同。施肥方式尽量不用撒施的办法,主要采用围绕根际,实行环状、沟状等施肥方法,原则上肥料施入点应在离葡萄主干 40 cm、深 30 cm 的土壤处,施肥后进行灌水。采用水肥一体化,根据树体和果实生长发育情况以及土壤墒情进行灌溉和配方施肥。

2.叶面追肥

叶面喷肥是对土壤追肥的一种补充,可减少营养元素流失和固定土壤,可单独或结合病虫害防治进行。花前喷 0.1%～0.2%的硼酸或硼砂,改善花器营养,利于授粉受精;坐果后套袋前喷施 2 次氨基酸钙以减少裂果;种子发育期及转色期各喷施 1～2 次 0.3%磷酸二氢钾,可显著提高浆果品质。

三、水分管理

葡萄园水分管理主要是做好灌水和排水两个环节。在盐碱地区,正确的灌水可以起到洗盐压碱的作用,灌溉水质盐总量不能超过 0.15%～0.2%。葡萄的耐旱性很强,葡萄园一年只要保证 3 个关键时期的水分供应,分别是在葡萄萌芽前后、幼果迅速膨大期、入冬土壤上冻前灌封冻水,基本可以保证葡萄的正常生长。目前整个葡萄生长季主要是滴灌结合施肥进行灌溉,需要埋土防寒的葡萄园封冻水和催芽水则适宜采取畦灌方式。

黄河三角洲地区雨季雨水相对集中,土壤较为黏重,地下水位高,一定要及时做好排水防涝工作,雨季积水要在最短的时间内排走。配合防风林设置明沟排水简单易行且排水效果好,还可以起到降低地下水位和盐分的作用。另外,暗管排水节约土地,便于机械操作,除成本较高以外,也是一种很好的排水方式选择。

第五节　整形修剪技术

葡萄通过整形能使其结构合理、骨架牢固、枝条分布均匀,便于栽培管理,有利于葡萄的优质、丰产、稳产。葡萄的整形修剪是通过冬季修剪和夏季修剪来完成的。

葡萄一般定植后 3～4 年以内以整形为主,按照设计的树形培养枝蔓,达到充分利用架面,保持树势均衡。成形后,在保持树形的原则下,以修剪为主,根据需要对枝蔓进行修剪。

一、整形修剪原则

葡萄整形修剪必须考虑葡萄的生长发育规律和生产管理目标等,具体来说,每一个品种都具有其特有的生长结果习性,整形修剪时,只有遵循品种的生长结果习性,才能充分保持品种的产量和品质特性。

(一)不同生长阶段对应不同的整修措施

葡萄一生的生长发育规律可划分为以下三个阶段,葡萄的整形可以依据不同的生长发育阶段采取不同的整形措施。

1.成形和初结果阶段

这个阶段以成形为主,以结果为辅。葡萄能早结果,提前进入盛果期,和这一阶段的长短和整形方式、品种和栽培管理条件等密切相关。一般篱架整形 3 年即可完成,小棚架和大棚架则需要 4～6 年。这一阶段的主要技术措施是加强肥水管理,注意病虫害防治,利用骨干枝蔓的纵向极性生长促进加粗生长;结果枝蔓采用摘心引绑方法调节生长,利用副梢加速成形。

2.结果阶段

成形阶段完成后,整个架面布满枝条,葡萄进入结果盛期。在这一阶段,仅用少量的枝蔓进行更新,调整好结果与生长的关系。该阶段整形越大,枝蔓更新复壮就越晚,如棚架整枝可在 8～10 年后更新,篱架整枝在 5～6 年后即开始更新;长势旺盛的品种更新晚,生长弱的品种更新早。结果阶段的栽培措施应随时调整生长与结果的关系,使植株保持健壮的结果状态。

3.结果更新阶段

该阶段是葡萄一生中较长的高产、稳产阶段。这一阶段能否稳产、高产与架式、整枝修剪和肥水等综合管理直接相关。在良好的管理条件下,不断采用更新措施,有计划地对主蔓、侧蔓进行更新复壮,可保持长时间的稳产、高产和优质。

(二)冬剪时期与主要方法

1.冬剪的主要方法

截,也叫短截,是把一年生枝蔓剪去一部分,即把长蔓剪短。按照留芽的数量可以分为重截、中截和轻截,分别对应留芽数量为 1～3 芽、4～6 芽和 7～10 芽。疏,即疏剪,就是将整个一年生或多年生枝蔓从基部剪掉。一般对过密枝、病虫枝、细弱枝等采用疏剪法以均衡树势。缩,即回缩,是把两年生以上的枝蔓剪去上部一段,保留下部,通过回缩达到对老弱枝蔓的局部更新,调节树势。

2.冬剪的最佳时期

冬剪的最佳时期是树体充分进入休眠期至伤流期前 30 天。一般是在气温明显下降,葡萄全部落叶 20 天后再进行。谨防冬剪过早,可适当晚剪,增强葡萄的抗冻性,但注意不可太晚,以免因伤流而浪费大量营养。埋土防寒区一般是在葡萄落叶以后至土壤封冻前完成初次修剪,以便于进行埋土,来年出土后伤流之前进行第二次修剪。在鲁北地区,一般在 11 月上中旬先进行冬剪,然后进行埋土防寒。

3.修剪的剪口位置

葡萄结果枝蔓的髓部较大,组织较疏松,水分易蒸发,故修剪时剪口应距芽眼 2～4 cm,以防止芽眼部位水分蒸发而导致干枯枝增多。剪口尽量选择与剪口芽相对的一侧。

二、合理负载量

冬季修剪时保留结果母枝数量的多少,对来年葡萄产量、品质和植株的生长发育均有直接的影响。结果母枝留量过少,萌发抽生的结果数量不够,影响当年产量;结果母枝留量过多,由于萌发出枝量过多,会造成架面郁闭,通风透光不良,甚至导致落花落果和病虫害发生,使产量与品质严重下降。因此,冬季修剪必须根据植株的实际生长情况,确定合适的负载量,剪留适当数量的结果母枝。合理负载量的确定通常采用下列公式计算:

单位面积计划剪留母枝数(个)＝计划单位面积产量(kg)/(每个母枝平均果枝数×每果枝果穗数×果穗重)

每株剪留母枝数(个)＝单位面积计划剪留母枝数/单位面积株数

因为在田间操作中可能会损伤部分芽眼,所以单位面积实际剪留的母枝数可以比计算出的留枝数多 10％～15％。

三、常用树形及整形技术

目前生产中葡萄树形主要是以篱架形和棚架形为主,常用的篱架有单干双臂"T"形、倾斜主蔓"厂"形等;适宜的棚架类型的树形有多主蔓自然扇形、龙干形等。

(一)篱架树形及其整形修剪技术

1.单干双臂"T"形

基本结构是干高 80 cm 左右,两个主蔓沿第一道拉丝水平延伸,主蔓上每 15～20 cm 配备一个结果母枝,每个结果母枝上保留 1～2 个结果新梢,如果新梢垂直向上绑缚,则形成直立叶幕,适用单篱架,该树形适宜生长势弱或不易发生日烧的品种,如玫瑰香等。如果新梢分别向两侧绑缚,则形成"V"形叶幕,适用

"Y"形架,适宜长势中庸至偏强的品种,特别是容易发生日灼、抗病较差的品种,如红地球、藤稔等。这种树形的特点是,每株葡萄只保留1个直立粗壮的主干,高约80 cm,用以支撑葡萄枝蔓,输导葡萄营养。主干区没有枝条,保证了葡萄有足够的通风,减少了病害。在每株葡萄叶幕基部20~30 cm处,集中着生果穗,形成一个集中而又紧凑的果穗管理区,既便于管理,又易于采收,还避免了葡萄果穗遭受日灼伤害,利于保证葡萄质量。上部是集中营养区,光照充足,结构合理。一般当年培养一个直立粗壮的枝蔓,冬剪时留60~70 cm,第二年春选留下部生长强壮、向两侧延伸的2个新梢作为臂枝,水平引缚,下部其余的枝蔓均除掉。冬季修剪时,臂枝留8~10个芽剪截,而对臂枝上每个节上抽生的新梢进行短截,作为来年结果的母枝。以后各年均以水平臂上的母枝为单位进行修剪或更新修剪。

2. 倾斜主蔓"厂"形

该树形适宜埋土防寒地区,无主干,主蔓基部几乎与地面平行,以较小的夹角按顺风方向逐渐上扬到第一道绑丝上,沿同一个方向形成一条臂,单臂上培养3~4个结果母枝,每个结果母枝保留两个新梢。新梢垂直绑缚形成直立叶幕形,适宜生长势中庸偏弱的品种。前3年整形修剪如下:

第一年定植萌发后,选留一个健壮新梢培养成主蔓,待新梢长至1.5~1.8 m时摘心,副梢萌发后,将基部50 cm以下副梢全部抹去,50 cm以上副梢留2~4叶摘心;冬剪时,将副梢全部剪去,留1~1.2 m的主蔓,粗度不低于0.8 cm,将其弯成直角,绑缚在第一道铁丝上,第一年即可成效。

第二年葡萄萌发后,抹去主干50 cm以下的新梢,在水平主干上均匀选留4~6个健壮新梢,间距15~20 cm,抹去其他新梢,每株葡萄均匀分布4~6个结果枝,每个结果枝留一个果穗。冬季修剪时,每个枝条选留2~3个芽眼进行短截,疏除过密枝。

第三年萌发后,每一结果枝只选留上部新生枝,抹去基部芽眼,每个结果枝留一个果穗。冬季修剪时,每个枝条选留2~3个芽眼进行短截。

(二)棚架树形及其整形修剪技术

1. 多主蔓自然扇形

整形方式与篱架的多主蔓自然扇形基本相同,只是主蔓要留得长而且数量多一些(一般4~5个主蔓),有植株上部新梢布满架顶平面而成棚状。根据有无主干又分为无主干多主蔓自然扇形和有主干多主蔓自然扇形。

无主干多主蔓自然扇形,植株自地面发出3～5个主蔓,由主蔓上再分一级侧蔓、二级侧蔓等,主蔓和侧蔓成扇形分布于架面上。定植前三年整形修剪步骤如下:

定植当年,选留3～5个健壮新梢适当长放,冬剪时留1～1.5 m做主蔓。第二年春发芽后,强的主蔓留4～5个新梢,中庸的主蔓留2～3个新梢,弱的主蔓留1个新梢,进行抹芽、定梢。冬剪时在主蔓的中下部选择发育充实的1～2个新梢作为侧蔓,主、侧蔓延长蔓剪留1～1.5 m,其他枝蔓根据所在部位,进行不同长度的剪截,以培养枝组。第三、第四年冬剪时继续选留主蔓延长蔓和安排侧蔓,在主侧蔓上培养结果母枝组,枝组间距离30～40 cm。

有主干多主蔓自然扇形的整形方式与无主干多主蔓自然扇形的整形方式基本相似,只是有一主干,由主干上分枝培养成主蔓。需要注意的是,此树形不适合需要埋土防寒的地区,但可以在北方庭院使用。

2. 龙干形

龙干形,即主蔓上不培养侧蔓,直接着生枝组。目前常用的有垂直龙干形和顺行龙干形。

垂直龙干形:该棚架树形适宜生长旺盛、长枝结果以及容易发生日烧的品种。主蔓垂直于行向架柱的龙干树形,主干1.8 m,直立或弯曲呈"厂"字形上升,主蔓沿与行向垂直方向水平延伸,新梢在主蔓两侧水平生长形成水平叶幕,新梢间距15～20 cm,新梢长度1～1.5 m。以"厂"形龙干整形为例,种植时苗木顺行与地面呈30°角斜栽。萌芽前选背下芽定剪。新梢倾斜向上引绑,长1.8 m时摘心促熟,仅保留顶端1～2个副梢延长生长,其余抹除或留一片叶反复摘心。冬剪时在主梢0.8 cm粗度处剪截。翌年延长梢水平生长即在主蔓同侧每隔15～20 cm保留一个新梢(副梢)向两侧水平绑缚,当与临株交接时摘心促熟。主干上不留副梢。冬剪时,在主蔓延长枝达到0.8 cm直径的成熟节位进行短截。下一年主蔓继续延长生长并培养结果母枝。

顺行龙干形:该树形适宜树势中庸或较旺的品种。树形与传统龙干形最大的区别是主蔓平行于行向生长;其干高降低为1.6 m,主蔓在距离地面1.6 m的高度顺行延伸,新梢分别倾斜向上延伸形成一个小"V"形后与行向垂直水平延伸,形成棚架叶幕。该树形结果部位较传统龙干低,果实集中分布在一条线上,比垂直龙干方便作业和管理。

四、夏季修剪与枝蔓管理

(一)时期和主要方法

夏剪是整个生长季进行的枝蔓管理,也是冬剪的继续。夏剪工作量大,是全年葡萄栽培管理的重要和必要技术环节,配合其他管理措施,有调节营养分配,提高浆果产量品质的作用。

夏剪的方法主要有以下两种:一是"及时抹芽、合理留梢",即为节约树体养分,使营养物质得到更合理有效的利用,集中供应保留的新梢生长,用手抹除多余的芽体;二是"新梢摘心和副梢处理",是促进当年同化产物向果穗输送的重要措施,在花前给新梢摘心和去副梢,可以促使植株的养分供应中心暂时转移到花器部分,避免因新梢不断延伸及副梢多头生长与花争夺养分造成严重落花落果,从而提高坐果率并有利于幼果膨大。目前生产上副梢处理主要有三种办法,一是副梢全部保留1~2片叶摘心;二是果穗以下副梢全部摘除,以上副梢留1~2叶摘心;三是只留顶部两个副梢,并留3~5叶反复摘心,其余全部摘除。除此之外,还有顶部"掐卷须""疏果""环剥""扭梢"等辅助方法。"顶部掐卷须",就是随时用手掐去卷须;"疏果",即用小剪刀疏除小果、病果、青果等。这些方法都是为了集中营养,供应坐果和提高果品质量的有效方法。

(二)花果管理

1. 花序整形修剪

一般从花前一周开始至初花期结束。为了保持穗形一致,不同类型品种有不同的修剪方法。大多数中小果穗葡萄品种,除了剪去副穗及穗尖,还要将第一、第二分枝剪去1/3长,仅保留花序中段12~15个小枝梗;大果穗葡萄品种如红地球、美人指,除了疏掉副穗和穗尖,还要按照"隔二去一"的原则疏掉部分分支;而果梗较短的葡萄品种,如克瑞森无核,为了延长穗梗还要剪去花序的第一分枝。

2. 果穗整形

在完成花序整形的基础上,当果实绿豆大小时,进一步疏去坐果不良的果穗、带病果穗和弱枝上的果穗;在果粒黄豆粒大小时进行定穗,大果粒的留50粒左右,小果粒的留80粒左右,控制穗重在0.5 kg左右。

3. 果实套袋

为了预防和减轻果实病害,在果实玉米粒大小时开始套袋,根据果型大小选择不同规格的葡萄袋,要避开雨后高温天气或阴雨连绵后突然放晴的天气,以免引起日烧或气灼。套袋前,全园喷一次杀菌剂,重点喷果穗,待药剂完全干后套袋。套袋后每隔10～15天叶面交替喷施一次氨基酸钾和氨基酸钙,以促进果实发育和减轻裂果现象的发生。摘袋与否应根据品种及气候条件确定,对于无色品种及果实容易着色的品种可以带袋采收不摘袋;上色困难的品种一般在采收前15天摘袋,先将袋底打开成灯罩状,经过3～5天的锻炼后再将袋全部摘除。

4. 科学使用生长调节剂

常用的生长调节剂有赤霉素、矮壮素、乙烯利等。赤霉素在对有核葡萄的无核处理、葡萄的果实膨大、果穗拉长等方面效果很好;矮壮素正确使用,可以抑制营养生长,提高坐果,改善品质;乙烯利可以促进葡萄着色和增熟。无论使用哪种生长调节剂,一定要了解它的安全使用要求,最好经过试验后才可以在大田应用。

第六节　葡萄埋土防寒与出土上架

一、埋土时期

一般年份绝对最低温度在－14 ℃以下,或春季干旱多风、低温在－10 ℃以下地区,均属埋土防寒地区。具体时间应是在当地土壤封冻前结束为好,不宜过早或过迟。埋土过早,易发生芽眼霉烂现象;过迟,土壤封冻后取土不易且盖不严实,起不到防寒作用。黄河三角洲地区一般在11月底前埋土完成为宜。

二、埋土方法

(一)地上埋土防寒

适宜大部分北方葡萄产区、篱架栽培、密植栽培,是盐碱地条件下最普遍的埋土方法之一。冬剪后,将植株上所留枝蔓沿篱架的行向压倒在地面,先用土块压住梢部,然后培土将整个植株埋严。冬季气候较温暖地区一般埋土一次完成,严寒地区则分两次完成。黄河三角洲地区,一般要求土堆底部1 m左右,上宽20 cm左右,枝蔓以上覆土厚度20 cm左右。

(二)地下埋土防寒

适用于较寒冷地区,对棚架栽培的葡萄更为适合。先将修剪后的枝蔓顺其自然方向捆绑好,也可根据枝量分多组捆绑好后,再顺其方向于地面挖沟,沟深、宽依枝捆大小，能使枝蔓完全放入沟内或半放入沟内为宜，一般深度为 30～50 cm、宽 50 cm，近根部要浅挖，以防伤根，将枝蔓入沟后取土培严，一般覆土 20～40 cm 即可。

（三）塑料膜保护防寒

适用庭院不便挖沟防寒的葡萄。将修剪后的植株，经捆绑处理后，顺其自然方向压在地面，然后上面盖一层 40 cm 厚的锯末、麦秸、玉米秸或稻草等，为防止风干透气，外层用塑料农膜包好，四周用土培严。注意防寒期间不要碰破塑料膜，否则冷空气进入易造成冻害。

需要注意的是，埋土防寒前应先灌一次封冻水，可增加土壤墒情，提高抗寒、抗旱力，有利于植株的安全越冬，同时也利于取土防寒。但要注意等表土干后再进行埋土防寒，防止土壤过湿造成芽眼霉烂。

三、出土上架

当春天气温稳定在 10 ℃以上时，就可以将防寒土撤掉，即葡萄出土。出土要仔细小心，尽量不伤枝蔓，破坏芽眼。避免造成伤口引起伤流，造成减产。无论哪种埋土方式，都需要逐渐除去覆土，用手拉出枝蔓。

葡萄出土后立即上架，先解开捆绳，然后自上而下将主蔓逐根分散开来，上架顺序尽量与上架前相同，并保证不会扭伤枝条。

第七节 葡萄病虫害综合防控技术

一、基本原则

贯彻"预防为主，综合防治"的植保工作方针，以防为主，防治结合。合理负载，多施有机肥，提高树体抗病性、提高结果部位、增加通风透光等栽培技术措施，以提高葡萄的抗病能力。在综合生物防治、物理防治、农业防治的基础上，做好提前预防，不得已选用化学农药时，要选用低毒、低残留农药。

二、主要害虫及其防治

黄河三角洲地区主要害虫是绿盲蝽、红蜘蛛、斑衣蜡蝉、虎天牛、康氏粉蚧、葡萄天蛾、棉铃虫、东方盔甲等。大部分害虫可用物理防治和生物防治。目前最主要的物理防治措施包括果穗套袋、悬挂黑光灯和频振灯、使用糖醋罐（糖：醋：酒：水比例为 1：4：1：16）和性诱剂及配套诱捕器产品等，诱杀鳞翅目和鞘翅目等害虫；悬挂黏虫胶、诱虫板（黄板、蓝板、绿板等）防治刺吸性害虫及鞘翅目害虫。主要生物防治措施是释放昆虫天敌，应用较多的是释放寄生蜂，如利用赤眼蜂可防治鳞翅目、双翅目、鞘翅目等昆虫；释放周氏啮小蜂能有效防治寄生美国白蛾及其他蛾类的蛹；化学防治害虫可选择的药剂有苦参碱、阿维菌素、吡虫啉及菊酯类。

三、主要病害及其防治

主要真菌性病害有霜霉病、灰霉病、白腐病、炭疽病、黑痘病、白粉病等，主要细菌性病害是根癌病。霜霉病是葡萄叶片的首要病害，白腐病和炭疽病是葡萄果实的重要病害，以波尔多液为代表的铜制剂、硫制剂或甲氧基丙烯酸酯类保护性杀菌剂等对预防霜霉病、白腐病、炭疽病等叶部和果实病害有效。治疗常用内吸性杀菌剂有吗啉类杀菌剂、基酰胺类杀菌剂及磷酸盐类杀菌剂等。

第十一章　肉羊高效生态养殖技术

随着社会经济发展和人们膳食结构的改变,羊肉需求量不断增加,羊肉生产也越来越受重视。我国肉羊业起步较晚,本章根据高效生态科学养羊技术经验,侧重黄河三角洲生产实际,立足肉羊舍饲饲养,从羊场的场址选择、饲养技术、疫病防制等方面做简要阐述,仅供肉羊饲养户和畜牧技术工作者参考。

第一节　场址选择和设施建设

一、场址选择

(一)地形、地势

羊适宜生活在干燥、通风、凉爽的环境之中,潮热的环境影响羊只的生长发育、繁殖性能以及感染或传播疾病。因此,养羊必须选择地势较高、向阳、排水良好、通风干燥的地点,切忌在低洼涝地。

(二)水源

要求四季供水充足,水质良好,离羊舍要近,取用方便。水源必须清洁卫生,防止污染。最好用消毒过的自来水,流动的河水、泉水,或深井水。忌在严重缺水或水源严重污染及易受寄生虫侵害的地区建场。

(三)疫病情况

要对当地及周围地区的疫情做详细调查,切忌在传染病疫区建场。羊场周围居民和畜群要少,尽量避开附近单位羊群转场通道,地势选择应在一旦发生疫情容易隔离封锁的地方。

(四)饲草、饲料资源

应充分考虑饲草、饲料供应条件,必须要有足够的饲草料基地或饲草料来源。

二、羊舍的建造

修建羊舍的目的就是为羊只创造适宜的环境,便于日常的生产管理,达到优质高产的目的。对羊舍的建筑要求考虑以下几点:

(一)建筑地点

地势相对较高、排水良好、通风干燥、避风向阳,接近饲草料基地,水源清洁。

(二)羊舍的面积和高度

羊舍面积因羊只的生产方向、品种、性别、年龄、生产生理状况、气候条件不同而有所差别,但须以保持舍内空气新鲜、干燥,保证冬春防寒保温,夏季防暑降温为原则。羊舍还必须要有足够的运动场地,以下参数可供参考:每只种公羊 1.5～2 m²,母羊 0.8～1 m²,妊娠母羊和哺乳母羊中冬季产羔者 2～2.5 m²,春季产羔者 1～1.2 m²,幼龄公、母羊 0.5～0.6 m²。运动场不小于羊舍面积的 2 倍,羊舍高度不低于 2.5 m。

(三)羊舍门窗

地面及通风设施的设计仍需注意舍内干燥,保温防暑,便于饲养管理,有利于排除有害气体,保证舍内足够的光照。

(四)建筑材料

要因地制宜,就地取材,经济实用。尽量标准高一些,以免经常性维修,影响生产,增加维修成本。

(五)饲槽

有固定水泥槽和移动木槽两种。

(1)固定式水泥槽:由砖、土坯及混凝聚土砌成。槽体高 23 cm,槽内径 23 cm,深 14 cm,槽壁应用水泥砂浆抹光,槽长依羊只数量而定,一般可按每只大羊 30 cm、羔羊 20 cm 计算。这种饲槽施工简便,造价低廉,既可阻止羊只跳入槽内,又不妨碍羊只采食、添草料、拌料和清扫。

(2)移动式木槽:用厚木板钉成,制作简单,便于携带。一般长 1.5～2 m,上宽 35 cm,下宽 30 cm。

(六)药浴设施

药浴池一般为长形,池深 1 m,长 10～15 m,上口宽 60～80 cm,底宽 40～

60 cm,以一只羊能通过而不能转身为度,入口为陡坡,出口为有台阶的缓坡,以利于羊的攀登。入口处设羊栏,是羊群等候入浴的地方;出口处设滴流台,出浴的羊在此短暂停留,使身上的药液流回池内。

三、青贮设施

为制作和保存青贮饲料,应在羊舍附近修建青贮设施,主要的青贮设施有以下几种:

(一)青贮窖

一般为圆桶形,底部呈锅底状,可分为地上式、半地上式、地下式三种。应在地势高燥处修建,窖壁、窖底用砖、卵石、水泥砌成,窖壁要光滑,要防雨水渗漏。窖的大小、多少可根据羊只数量、青贮制作量而定,一般宽 2.5~3.5 m,深 3 m 左右,太深虽然贮量大,但是不便取用。

(二)青贮壕

一般为长方形,壕底、壁用砖石、水泥砌成,为防壕壁倒塌,应有 1/10 的倾斜度,壕的断面呈上大下小的梯形。壕的尺寸应根据养羊只数而定。一般人工操作,壕深 3~4 m,宽 2.5~3.5 m,长 4~5 m,机械操作长可达 10~15 m,但必须以在 2~3 天内装填完毕为原则。一般要在壕四周 0.5~1 m 处修排水沟,以防污水倒流。

(三)青贮塔

饲养量大、又有条件的羊场可用砖石、钢盘、水泥修建地上青贮塔,虽然投资较大,但是经久耐用,容积大、损失少、质量好,取用方便。可结合实际情况制定。

(四)袋装青贮

近年来研制成功并正在推广的袋装青贮技术,具有投资少、制作简单,不受气候和场地限制,浪费损失少、运输方便等特点,值得应用,但必须严防鼠害。

第二节　肉羊的饲养管理

一、种公羊饲养管理技术

种公羊所喂的饲料应是营养全面、容易消化、适口性好的饲料。保持清洁、干燥,定期消毒;要防止公羊互相斗殴;要有足够的运动量。添加维生素 E,补饲优质干草和胡萝卜。

二、妊娠和哺乳母羊饲养管理技术

(一)妊娠母羊饲养管理技术

妊娠母羊圈舍必须温暖,冬季要加温,产羔室必须要有热炕(地面镂空加热)。母羊妊娠的前 3 个月为妊娠前期,要求母羊继续保持良好膘情,管理上要避免吃霜草或霉烂饲料,避免母羊受惊猛跑,不饮冰水,以防发生早期流产。膘情不好的母羊要加强补饲。

妊娠后期约 2 个月,是胎儿迅速生长的时期,为此,在妊娠最后的 5～6 周,可将精料量提高至日粮的 18% 左右。此期的管理措施都应围绕保胎来考虑,进出圈要慢,不要使羊快跑和跨越沟坎,注意饲料和饮水的清洁卫生,早晨空腹不饮冷水,治病时不要投服大量的泻药和子宫收缩药等,以免流产。同时适量运动和适量添加维生素 A,D 也是非常重要的。

(二)哺乳母羊的饲养管理技术

母羊的哺乳期为 3～4 个月,在哺乳前期(前 2 个月)应加强补饲,精料量应比妊娠后期稍有增加,粗饲料以优质干草、青贮饲料和多汁饲料为主。管理上要保证饮水充足,圈舍干燥、清洁,冬季要有保暖措施。另外,在产前 10 天左右可多喂一些多汁料和精料,以促进乳腺分泌,产后 3～5 天内不应补饲精料,以防消化不良或发生乳腺炎。哺乳后期(后 1～2 个月)羔羊对母乳的依赖程度减小,对母羊只补些干草即可,但对膘情较差的母羊,可酌情补饲精料。

三、育成羊的饲养管理

育成羊是指由断奶至初配的公、母羊。即 4～18 月龄期间的公、母羊。育成羊在每一个越冬期间正是生长发育的旺盛时间,在良好饲养条件下,会有很高的增重能力。育成羊的饲养标准见表11-1。

表 11-1　育成羊的饲养标准

月龄	体重/kg	风干饲料/kg	消化能/MJ	可消化粗白质/g	钙/g	磷/g	食盐/g	胡萝卜素/mg
4~6	30~40	1.4	14.6~16.7	90~100	4.0~5.0	2.5~3.8	6~12	5~10
6~8	37~42	1.6	16.7~18.8	95~115	5.0~6.3	3.0~4.0	6~12	5~10
8~10	42~48	1.8	16.7~20.9	100~125	5.5~6.5	3.5~4.3	6~12	5~10
10~12	46~53	2.0	20.1~23.0	110~135	6.0~7.0	4.0~4.5	6~12	5~10
12~18	53~70	2.2	20.1~23.4	120~140	6.5~7.2	4.5~5.0	6~12	5~10

公羊、母羊对饲养条件的要求和反应不同,公羊生长发育较快,同化作用强,营养需要较多,对丰富饲养具有良好的反应,如果营养不良则发育不如母羊。严格选择的后备公羊更应提高饲养水平,保证其充分生长发育。各类羊日粮参考配方见表11-2。

表 11-2　各类羊日粮参考配方

	种公羊		成年母羊			育成母羊	5~6月龄羔羊
	非配种	配种期	空怀期	妊娠期	哺乳期		
玉米/%	28	35	20	35	40	30	30
豆粕/%	22	25	18	20	25	15	20
棉粕/%	6	—	—	—	—	—	—
苜蓿/%	10	15	20	20	10	15	15
青贮玉米/%	—	—	—	—	—	—	10
玉米秸草粉/%	30	20	40	20	20	35	20
骨粉/%	4	5	2	5	5	5	5

注:微量元素、多维按说明添加,食盐按饲养标准量加入。

四、羔羊的饲养管理

羔羊生长发育快,可塑性大,合理地进行羔羊的培育,既可促使其充分发挥先天的性能,又能加强对外界条件的适应能力,有利于个体发育,提高生产力。研究表明,精心培育的羔羊,体重可提高29%~87%,经济收入可增加50%。初生羔羊体质较弱,抵抗力差,易发病,搞好羔羊的护理工作是提高羔羊成活率的

关键,管理要点如下:

(一)尽早吃饱初乳

初乳是指母羊产后3~5天内分泌的乳汁,其乳质黏稠、营养丰富,易被羔羊消化,是任何食物不可代替的食料。同时,由于初乳中富含镁盐,镁离子具有轻泻作用,能促进胎粪排出,防止便秘;初乳中还含有较多的免疫球蛋白和白蛋白,以及其他抗体和溶菌酶,对抵抗疾病、增强体质具有重要作用。羔羊在初生后半小时内应该保证吃到初乳,对吃不到初乳的羔羊,最好能让其吃到其他母羊的初乳,否则很难成活。不会吃乳的羔羊要人工进行辅助。

(二)编群

羔羊出生后对母、仔羊进行编群。一般可按出生天数来分群,生后3~7日内母仔在一起单独管理,可将5~10只母羊合为一小群;7天以后,可将产羔母羊10只合为一群;20天以后,可大群管理。分群原则是:羔羊日龄越小,羊群就要越小;日龄越大,组群就越大。同时,还要考虑到羊舍大小、羔羊强弱等因素。在编群时,应将发育相似的羔羊编群在一起。

(三)羔羊的人工喂养

多羔母羊或泌乳量少的母羊,其乳汁不能满足羔羊的需要,应对其羔羊进行补喂。可用牛奶、羊奶粉或其他流动液体食物进行喂养,当用牛奶、羊奶喂羔羊,要尽量用鲜奶,因新鲜奶味道及营养成分均好,且病菌及杂质也较少,用奶粉喂羊时应该先用少量冷或开水,把奶粉溶开,然后再加热水,使总加水量达奶粉总量的5~7倍。羔羊越小,胃也越小,奶粉兑水量应该越少。有条件可加点植物油、鱼肝油、胡萝卜汁及多维、微量元素、蛋白质等,也可喂其他流体食物如豆浆、小米汤、代乳粉或婴幼儿米粉。这些食物在饲喂前应加少量的食盐及骨粉,有条件再加些鱼油、蛋黄及胡萝卜汁等。

(四)补喂

补喂关键是做好"四定",即定人、定温、定量、定时,同时要注意卫生条件。

1.定人

就是自始至终固定由专人喂养,饲养员熟悉羔羊的生活习性,掌握吃饱程度、食欲情况及健康与否。

2.定温

是要掌握好人工乳的温度,一般冬季喂一个月龄内的羔羊,应把奶凉到

35~41 ℃,夏季还可再低些,随着日龄的增长,奶温可以降低。一般可用奶瓶贴到脸上,不烫不凉即可。温度过高,不但伤害羔羊,而且羔羊容易发生便秘;温度过低,往往容易发生消化不良,下痢、鼓胀等。

3.定量

是指限定每次的喂量掌握在七成饱的程度,切忌过饱。具体给量可按羔羊体重或体格大小来定。一般全天给奶量相当于初生重的1/5为宜。喂粥或汤时,应根据浓度进行定量。全天喂量应低于喂奶量标准。最初2~3天,先少给,待羔羊适应后再加量。

4.定时

是指每天固定时间对羔羊进行饲喂,轻易不变动。初生羔羊每天喂6次,每隔3~5小时喂一次,夜间可延长时间或减少次数。10天以后每天喂4~5次,到羔羊吃料时,可减少到3~4次。

(五)人工奶粉配制

有条件的羊场可自行配制人工奶粉或代乳粉。人工合成奶粉的主要成分是:脱脂奶粉、牛奶、乳糖、玉米淀粉、面粉、磷酸钙、食盐和硫酸镁。用法:先将人工奶粉加少量不高于40 ℃的温开水摇晃至全溶,然后再加水。温度保持在38~39 ℃。一般4~7日龄的羔羊需200 g人工合成奶粉,加水1 000 mL。

(六)代乳粉配制

代乳粉的主要成分有:大豆、花生、豆饼类、玉米面、可溶性粮食蒸馏物、磷酸二钙、碳酸钙、碳酸钠、食盐和氧化铁。可按代乳粉30%、玉米面20%、麸皮10%、燕麦10%、大麦30%的比例融成液体喂给羔羊。代乳品配制可参考下述配方:面粉50%、乳糖24%、油脂20%、磷酸氢钙2%、食盐1%、特制料3%。将上述物品按比例标准在热火锅内炒制混匀即可。使用时以1∶5的比例加入40 ℃开水调成糊状,然后加入3%的特制料,搅拌均匀即可饲喂。

(七)提供良好的卫生条件

卫生条件是培育羔羊的重要环节,保持良好的卫生条件有利于羔羊的生长发育。舍内最好垫一些干净的垫草,室温保持在5~10 ℃。

(八)加强运动

运动可使羔羊增加食欲,增强体质,促进生长和减少疾病,为提高其肉用性能奠定基础。随着羔羊日龄的增长,要逐渐加长在运动场的运动时间。

(九)断奶

采用一次性断奶法,断奶后母羊移走,羔羊继续留在原舍饲养,尽量给羔羊保持原来环境。

以上各关键环节,任一环节出现差错,都可导致羔羊生病,影响羔羊的生长发育。

第三节　肉羊育肥技术与方法

一、肉羊舍饲的日粮配合

(一)不同日粮的增重效果

肉羊舍饲的日粮配合要根据肉羊育肥期营养物质的需要,按照饲养标准和饲料营养成分配制出满足其生长发育的饲料。这样,舍饲育肥肉羊能保持较高的饲养水平,可获得较多的干物质和消化能,使肉羊增重快,饲料利用率高,肉质好。日粮中精料的水平对营养物质的利用有着极大影响,用高精料日粮饲喂羔羊时,平均日增重明显增高,可消化能、干物质和粗蛋白质利用率显著提高,胴体品质亦好。营养物质对羔羊生长的作用关系极大。在屠宰率、胴体重、净肉率以及眼肌面积几项指标比较中,试验组占比较明显优势。

(二)按日龄和体重配备饲料

肉羊舍饲的目的就是要增加肌肉和脂肪,并改善肉的品质。增加的肌肉组织主要由蛋白质和少量脂肪构成。在舍饲时供给的营养必须超过它本身维持需要所必需的营养,才可能在体内增长肌肉和沉积脂肪。羊从出生到 8 月龄是羊一生中生长发育最快的时期,哺乳期是骨骼发育最快时期,4～6 月龄时肌肉组织生长最快,7～8 月龄时脂肪组织的增长最快,周岁以后肌肉和脂肪的增长速度几乎相同。在肉羊生产中必须根据不同时期的生产发育特点,合理地配制饲料配方,满足其生长和发育的需要,才能达到理想的效果。育肥肉羊的饲养标准见表11-3 和表 11-4。

表 11-3　育肥羔羊饲养标准

月龄	体重 /kg	干物质 /kg	可消化能 /MJ	可消化粗蛋白 /g	钙 /g	磷 /g	食盐 /g	胡萝卜素 /mL
3	25	1.2	10.5～14.6	80～100	1.5～2.0	0.6～1	3～5	2～4
4	30	1.4	14.6～16.7	90～150	2～3	1～2	4～8	3～5
5	40	1.7	16.7～18.8	90～140	3～4	2～3	5～9	4～8
6	45	1.8	18.8～20.9	90～130	3～4	3～4	6～9	5～8

表 11-4　成年育肥羊的饲喂标准

体重 /kg	干物质 /kg	可消化能 /MJ	可消化蛋 白质/g	钙 /g	磷 /g	食盐 /g	胡萝卜素 /mL
40	1.5	15.9～19.2	90～100	3～4	2.0～2.5	5～10	5～10
50	1.8	16.7～23.0	100～120	4～5	2.5～3	5～10	5～10
60	2.0	20.9～27.2	110～130	5～6	2.8～3.5	5～10	5～10
70	2.2	23.0～29.3	120～140	6～7	3～4	5～10	5～10
80	2.4	27.2～33.5	130～160	7～8	3.5～4.5	5～10	5～10

二、粗饲料加工与调制技术

对于肉羊来说,使用得最广的是能量饲料和粗饲料,其中能量饲料虽然是肉羊短期育肥必不可少的饲料,但是一定量的粗饲料会增强肉羊反刍功能,提高饲料的利用率,降低饲养成本。

在各种饲草作物中,以苜蓿、三叶干草饲用价值为好,但在东营地区秸秆饲料是草食家畜的主要粗饲料来源,主要包括玉米秸、稻草、谷草、豆秸、花生秧、地瓜秧等。这些农副产品如果直接用来饲喂肉羊,其利用率很低,适口性极差。为了改善上述粗饲料品性,国内外普遍采用对粗饲料加工与调制,提高其饲用价值,降低生产成本。

(一)物理调制法

用物理方法处理粗饲料是将干牧草、玉米秸秆等机械切短、膨化或粉碎,以改善粗饲料品质,提高肉羊对其采食量,增加其消化率。

1.切碎处理

切碎的目的是便于肉羊咀嚼,减少饲料的浪费,也便于与其他饲料进行合理搭配,提高其适口性,增加采食量和利用率,同时又是其他处理方法不可缺少的首道工序。

近年来,随着饲料工业的发展,世界上许多国家将切碎的粗饲料与其他饲料混合压制成颗粒状,这种饲料利于贮存、运输,适口性好,营养全面。在粗饲料进行切碎处理时,切碎的长度一般为 0.8～1.2 cm 为宜。添加在精料中的粗饲料其长度宜短不宜长,以免羊只吃精料而剩下粗饲料,降低粗饲料后利用率。

2. 热喷处理

热喷处理是将秸秆、秕谷等粗饲料装入热喷机中,通入热饱和蒸汽,经过一定时间的高压热处理后,突然降低气压,使经过处理的粗饲料膨胀,形成爆米花状,其色香味发生变化。这样处理粗饲料其利用率可提高 2～3 倍,又便于贮存与运输。

(二)尿素或碳酸氢铵处理法

目前推广粗饲料氨化处理法中主要是尿素或碳酸氢铵处理法,尿素或碳酸氢铵也可用来氨化秸秆等粗饲料,其来源广泛,利用、操作方便,更适合在农村普及。处理方法如下:

将尿素或碳酸氢铵溶于水中,拌匀,喷洒于切短的秸秆上,喷洒搅拌,一层一层压实,直到窖顶,用塑料薄膜密封。一般尿素用量每千克秸秆(干物质)为 3～5.5 kg,碳酸氢铵为 6～12 kg,用水量为 60 kg。氨化好的秸秆色泽黄褐,有刺鼻气味,不发霉变质,饲喂前晾晒,放味,以利肉羊采食。

(三)微生物调制法

微生物调制法是利用某些细菌、真菌的某种特性,在一定温度、湿度、酸碱度、营养物质条件下,分解粗饲料中纤维素、木质素等成分,来合成菌体蛋白、维生素和多种转化酶等,将饲料中难以消化吸收的物质转化为易消化吸收的营养物质的过程。

1. 青贮

调制青贮饲料不需要昂贵设备和高超技术,只要掌握操作要领,就能成功。

(1)适时收割。

根据青贮对象,适时收割。玉米全株青贮在蜡熟期至黄熟期,玉米秸秆青贮在籽粒熟末期,高粱在穗完全成熟后,稻草在割下水稻立即脱粒后,甘薯在早霜前叶未黄时收割。

（2）合理制作。

①首先将青贮原料切短至 1～2 cm。

②水分适宜,青贮饲料含水量 70% 为宜。

③将切碎青贮料装入青贮设备中(青贮塔、窖、塑料袋等),逐层压实或踩实装满。

④密封是青贮饲料成功与否的关键因素之一。密封的目的是为使具有厌氧要求的乳酸菌快速繁殖,达到一定浓度,从而抑制腐败细菌的生长,延长保存时间。

（3）注意事项。

①再密封:青贮窖等贮后 5～6 天进入乳酸发酵期,青贮料体积减小,密封层下降,应立即再培土密封,以防漏气使青贮料腐败变质。

②防止踩压:无论青贮窖还是青贮袋,应防止踩压出现漏洞、透气而变质。

③防止进水:青贮饲料进水会导致腐烂变质,因此青贮塔应不漏雨、漏水,青贮窖要有排水沟,青贮袋应不漏气等。

2. 微贮

秸秆等粗饲料微贮就是在农作物秸秆中,加入微生物高效活性菌种——秸秆发酵活干菌,放入密封容器(如水泥窖、土窖、塑料袋)中贮藏,经一定的发酵过程使农作物秸秆变成具有酸、香味的饲料。

秸秆微贮成本低、效益高。每吨微贮饲料只需 3 g 秸秆发酵活干菌。在同等饲养条件下,秸秆微贮优于或相当于秸秆其他处理方法。秸秆微贮粗纤维的消化率可提高 20%～40%,肉羊对其采食显著提高,在添到肉羊日采食量的 40% 时,肉羊日增重达 250 g 左右。秸秆微贮方法如下:

（1）活干菌液配制。

将 3 克左右秸秆发酵活干菌溶入 200 mL 自来水中,在常温下静置 1～2 小时,然后将菌液倒入充分溶解的 1% 食盐溶液中拌匀,用量见表 11-5。

表 11-5　活干菌液配制表

种类	重量/kg	活干菌用量/g	食盐用量/kg	水用量/L	微贮料含水量/%
稻、麦秸秆	1 000	3.0	12	1 200	60～65
黄玉米秸秆	1 000	3.0	8	800	60～65
青玉米秸秆	1 000	1.5	—	适量	60～65

(2)微贮饲料调制。

将秸秆等粗饲料粉碎,其长度以 0.8～1.5 cm 为宜,将配制好的菌液和秸秆粉等充分搅拌均匀,使其含水量在 60％～65％,然后逐层装入微贮窖或塑料袋中压实,经 30 天发酵后,就可饲用。微贮饲所用时间冬季稍长。在夏季,微贮饲料发酵 10 天左右即可饲喂。

(3)注意事项。

①用窖微贮。微贮饲料应高于窖口 40 cm,盖上塑料薄膜,上盖约 40 cm 稻、麦秸秆,后覆土 15～20 cm,封闭。

②用塑料袋微贮。塑料袋厚度须达到 0.6～0.8 mm,无破损,厚薄均匀,严禁使用装过有毒物品的塑料袋及聚氯乙烯塑料袋,每袋以装 20～40 kg 微贮料为宜。开袋取料后须立即扎紧袋口,以防变质。

③微贮饲料喂养肉羊须有一渐进过程,喂量由少到多,最后可达日采食量 40％的水平。

三、肉羊饲喂管理技术

(一)常规饲喂管理技术

1.编号

为了科学地管理羊群,需对羊只进行编号。常用的方法有耳标法、剪耳法。

(1)耳标法。

耳标材料有金属和塑料两种,形状有圆形和长形。耳标用以记载羊的个体号、品种号等及出生年月等。以金属耳标为例,用钢字钉把羊的号数打在耳标上,第一个号数中打羊的出生年份的后一个字,接着打羊的个体号,为区别性别,一般公羊尾数为单,母羊尾数为双。耳标一般戴在左耳上。用打耳钳打耳时,应在靠耳根软骨部,避开血管,用碘酒在打耳处消毒,然后再打孔,如打孔后出血,可用碘酒消毒,以防感染。

(2)剪耳法。

用特制的剪缺口剪,在羊的两耳上剪缺刻,作为羊的个体号。其规定是:左耳做个位数,右耳做十位数,耳的上缘剪一缺刻代表 3,下缘代表 1,耳尖代表 100,耳中间圆孔为 400;右耳上缘一个缺刻为 30,下缘为 10,耳尖为 200,耳中间的圆孔为 800。

2.记录

羊只编号以后,就可对其进行登记并做好记录,要记清楚其父母编号,出生日期、编号、初生重、断奶体重等,最好绘制登记表格。

3.驱虫

肥育前进行驱虫,及时清除体内外寄生虫。首先应进行寄生虫检查,然后根据寄生虫种类,有针对性地用药。

4.断尾

肥育的羊要先断尾,最简单的方法是用胶筋在羔羊2～4尾椎节之间缠紧,经十几天就会自然断落。

5.去势

对不作种用的公羊都应去势,以防止乱交乱配。去势后的公羊性情温顺,管理方便,节省饲料,容易育肥。所产羊肉无膻味且较细嫩。去势一般与断尾同时进行,时间一般为10天左右,选择无风、晴暖的早晨。去势时间过早或过晚均不好:过早睾丸小,去势困难;过晚流血过多,或可发生早配现象。去势方法主要有以下几种:

(1)结扎法。

当公羊1周龄时,将睾丸挤在阴囊里,用橡皮筋或细线紧紧地结扎于阴囊的上部,断绝血液流通。经过15天左右,阴囊和睾丸干枯,便会自然脱落。去势后的最初几天,对伤口要常检查,如遇红肿发炎现象,要及时处理。同时要注意去势羔羊环境卫生,垫草要勤换,保持清洁干燥,防止伤口感染。

(2)去势钳法。

用特制的去势钳,在阴囊上部用力紧夹,将精索夹断,睾丸就会逐渐萎缩。此法无创口、无失血、无感染的危险。但经验不足者,往往不能把精索夹断,达不到去势的目的,经验不足者忌用。

(3)手术法。

手术时常需两人配合,先是一人保定羊,使羊半蹲半仰,置于凳上或站立;另一人用3%石炭酸或碘酒消毒,然后手术者一只手捏住阴囊上方,以防止睾丸缩回腹腔中,另一只手用消毒过的手术刀在阴囊侧面下方切开一个约为阴囊长度的1/3的小口,以能挤出睾丸为度,切开后,把睾丸连同精索拉出撕断。一侧的睾丸摘除后,再用同样的方法摘除另一侧睾丸。也可把阴囊的纵隔切开,把另一侧的睾丸挤过来摘除。这样少开一个口,利于康复。睾丸摘除后,把阴囊的切口对齐,用消毒药水涂抹伤口并撒上消炎粉。过 1～2 天进行检查:如阴囊收缩,则为正常;如阴囊肿胀发炎,可挤出其中的血水,再涂抹消毒药水和消炎粉。

6.饲喂次数

一般育肥羊日喂两次较为合适。每次上槽饲喂时间不超过 3 小时,两次间隔时间不低于 8 小时,给羊充分反刍消化时间,使羊保持旺盛食欲,而且间隔时间长,槽内剩草少,减少浪费。

7.饲喂方法

喂前用水喷洒在草粉上,闷上 2 分钟后再将混合精料倒在草粉上,用铁锹拌匀,这样使草粉与精料均匀地混合在一起,避免挑食。

8.保持良好的舍内环境卫生

圈舍及饲槽,必须保持完好,定期消毒,圈舍保持通风、防雨,减少因环境条件不适造成的营养损耗,把饲料营养大部分用在增肥上。

(二)添加剂利用及使用效果

1.脲酶抑制剂

脲酶抑制剂是近年研制出的反刍动物饲料添加剂,它可以控制瘤胃中的脲酶的活性,减慢瘤胃内尿素的分解速度,提高反刍动物对氮的利用率,避免氨中毒,为非蛋白氮利用开辟了新的途径。据科研试验,每只羊每天添加脲酶抑制剂 50 g、尿素 30 g,连续饲喂 92 天,平均每只羔羊多增重 2.31 kg。

2.尿素

尿素是最常规的非蛋白氮源。尿素含氮量一般在 46% 左右,1 g 尿素相当于 2.88 g 蛋白质的含氮量。每只羊的基础日粮中添加 12 g 尿素,每只羊增重比不喂尿素的羊可提高 44.76%,按干物质的 2.5% 添加尿素,日喂量最高时每天每只 30 g,增重提高 9.3%。

3.脂肪酸钙

脂肪酸钙是近年新研制的一种能量饲料添加剂,在国外已广泛用于畜牧业生产。脂肪酸钙是由脂肪酸与钙结合形成的有机化合物,又称保护油脂。它可以直接通过瘤胃到真胃和小肠后水解并吸收,避免瘤胃微生物对其生化影响。脂肪酸钙能提高饲料中的能量水平,减少饲料中精料比例,降低饲养成本。屠宰率、净肉率分别可以提高 4 个和 3.9 个百分点,胴体脂肪厚度(GR)值增加 3.9 mm。

4.磷酸脲

磷酸脲商品名为"牛羊乐",是一种新型非蛋白氮饲料添加剂。该添加剂含氮量为 17.7%,可为反刍动物补充氮磷。它在瘤胃内水解速度显著低于尿素,有利于反刍动物对氮、磷、钙的吸收利用。体重为 14.5 kg 的育肥羊,每日每只添加 10 g 磷酸脲,日增重可提高 26.7%。

5.莫能菌素

莫能菌素又称瘤胃素、莫能菌素钠,有控制和提高瘤胃发酵效率的作用,从而提高增重速度及饲料转化率。用莫能菌素喂舍饲育肥羊,每千克日粮添加 25～30 mg,日增重可提高 35%,饲料转化率提高 27%。添加时一定要搅拌均匀,初喂少给,逐渐增加。

第四节 肉羊的疾病防制

生态高效的肉羊生产尤其是舍饲制度下的肉羊生产是人类保护生态和提高生活质量的双赢策略。但自古以来养羊是以放牧形式生存,舍饲后饲养密度大幅度提高,一些散发病可能出现群发的势头,一些非常见病可能集中发作。因此,摸清肉羊舍饲后的发病规律,对一些可能发生的疾病做好防制工作是做好舍饲肉羊工作成败的关键。

一、常规卫生保健程序

(一)加强饲养管理,增进羊体健康

肉羊舍饲后饲养密度提高,运动量减少,人工饲养管理程度提高。一些疾病会相对增多,如消化道疾病、呼吸道疾病、泌尿系统疾病、中毒病等,如霉菌毒素中毒气等,眼结膜炎、口疮、关节炎、乳腺炎等相对多发。事实上 85% 以上的羊病,都涉及营养,羊群的生产水平越高,对营养、卫生和管理的要求也越高。科学喂养,精心管理,增强羊只抗病能力是预防羊病发生的重要措施。首先,饲料种类力求多样化并合理搭配与调制,使其营养丰富全面;其次,重视饲料和饮水卫生,不喂发霉变质、冰冻及被农药污染的草料,不饮污水;再次,保持羊舍清洁、干燥,注意防寒保暖及防暑降温工作。

（二）落实"预防为主"方针，采用程序化防治措施

1. 圈舍应建在地势较高、干燥、向阳、便于清扫和排水的地方

门前应设消毒池，每年进行 2 次圈舍消毒，有疫情时随时彻底消毒。对疑似感染传染病的羊进行隔离，请专业人员确诊后，隔离治疗或进行处理，并彻底消毒病羊污染过的环境、用具。引进新羊时一定要先隔离饲养，观察无病后，方可混群饲养。

2. 做好羊的免疫接种

首先，应注意疫苗是否针对本地的疫病类型，要注意同类疫苗间型的差异。疫苗稀释后一定要摇匀，并注意剂量的准确性。其次，使用前要注意疫苗是否在有效期内。在运输和保存疫苗过程中要低温。按照说明书采用正确方法免疫，如喷雾、口服、肌肉注射等，必须按照要求进行，并且不能遗漏。再次，在使用弱毒活菌苗时，不能同时使用抗生素。只有完全按照要求操作，才能使疫苗接种安全有效。

3. 选择使用驱虫药

应选择广谱、高效、低毒驱虫药物，并了解药物的作用范围。如阿苯达唑类药物对胃肠道线虫、肺线虫和绦虫有效，可同时驱除混合感染的多种寄生虫，是较理想的内驱虫药物，但对外寄生虫无效。阿维菌素类药物对线虫及体外寄生虫有效，但对绦虫和吸虫无效。要注意阿维菌素类药物在反刍动物瘤胃中易分解失效，因此羊最好采用注射针剂。对低洼阴湿的吸虫高发地区采用硝氯酚、肝蛭净、佳灵三特等药物效果最佳。绦虫高发区采用吡喹酮、氯硝硫胺、硫酸铜、硫酸二氯酚等驱虫效果较好。

4. 搞好圈舍消毒及粪便处理

定期对羊舍、用具和运动场等进行预防消毒，是消灭外界环境中的病原体、切断传染途径、防制疫病的必要措施。注意将粪便及时清扫、堆积、密封发酵，杀灭粪便中的病原菌、寄生虫或虫卵。消毒剂可选用 3% 来苏儿、20% 石灰乳、1%～2% 草木灰、0.5%～2% 漂白粉等常用消毒品。一般每年春秋两季对羊舍、用具及运动场各彻底消毒一次。当某种疫病发生时，为杀灭病原体需进行突击性消毒，如用火焰喷灯或火碱扑灭性消毒。

二、常见传染病防治技术

(一)羊三病

"羊三病"是由梭状芽孢杆菌属中的微生物所致,包括羊快疫、羊肠毒血症、羊猝狙病等。这些疾病均为急性传染病,感染率、死亡率均较高,感染羊往往不呈现临床症状而猝死,由于发病急,临床不易鉴别。但剖检观察,羊快疫以胃出血性炎症变化为主;羊肠毒血症病变限于消化道、呼吸道和心血管系统,其特征为肾组织软化;羊猝狙特征性病变为腹膜炎和溃疡性肠炎,由于病程短,往往来不及治疗。病种稍长者或已出现病羊的畜群可采用青霉素肌肉注射或口服磺胺嘧啶唑。预防采用羊三联苗、梭菌病多联浓缩苗肌肉注射。

(二)口蹄疫

病原为口蹄疫病毒,只感染偶蹄动物,如牛、羊、猪、骆驼、鹿等,也可传染给人,以动物口腔、蹄部发生水泡和溃烂为特征。传播途径很多,可通过食物、水源、空气、接触性传染。羊口蹄疫在易感动物中临床症状表现最轻,而且可以呈隐性感染,带毒1～5年,甚至终生。患畜除口腔、蹄部发生水泡、溃烂外,有时乳房也可发生。患畜体温升高,口腔损害可使食欲下降,蹄部损害可造成跛行。轻者1～2周,重者2～3周可痊愈,死亡率约1％～2％。幼畜表现为恶性经过,死亡率达20％～50％,主要表现为胃肠炎和心肌炎。发生口蹄疫疫情后,不允许治疗,就地扑杀,进行无害化处理,预防措施中严禁从疫区购买动物及其畜产品、饲料、生物制品等。发生疫情要立即上报,按国家有关规定严格实行划区封锁,紧急预防接种,搞好消毒工作。每年进行口蹄疫疫苗强制免疫,最好采用口蹄疫疫苗肌肉注射,每年两次。

(三)羊痘

病原为羊痘病毒,以皮肤表面水样痘发展至脓性痘状病变、高热为特征。羔羊的病死率可达20％～50％。体温可达41～42 ℃,可视黏膜卡他性脓性炎症,1～4天开始发痘。过程为红斑—丘疹—突出的结节水疱—脓疱,如果不感染就形成痂皮,脱落后留下瘢痕,全过程3～4周。先用碘酊或紫药水涂擦皮肤痘疱外,用0.1％高锰酸钾液冲洗黏膜病灶;然后再涂以碘甘油或紫药水。如有继发感染时,每日肌肉注射80～160万单位青霉素或10％磺胺嘧啶钠10～20 mL,连注3天。预防采用羊痘细胞弱毒冻干疫苗皮内注射。

(四)羊传染性脓疱(羊口疮)

羊口疮由口疮病毒引起,夏季易发,以患羊口唇等部皮肤、黏膜形成丘疹、脓疱、溃疡以及疣状厚痂为特征,主要危害 3～6 月龄羔羊,严重时可引起羔羊死亡。羔羊常于口角、唇、鼻附近、面部和口腔黏膜形成损害,成年羊病变多见于上唇部、颊、蹄、趾间、乳房部的皮肤。病变初为散在红色疹状突起,随后变成脓疱并迅速结成淡黄色或褐色疣状痂,痂迅速增厚,扩大并干裂,约经 10 天即脱落。病程 1～4 周,一般可恢复,但也可继发肺炎或坏死杆菌感染而死亡。治疗同羊痘病。

(五)传染性角膜炎

该病由嗜血杆菌、立克氏体引起。病变限于眼结膜、角膜等处,使眼睛角膜混浊或白内障。可先采用 2‰～5‰硼酸水或淡盐水或 0.01‰呋喃西林洗眼后,再涂以红霉素、降汞、可的松等眼膏进行治疗。出现角膜混浊或白内障时可滴入拨云散或青霉素加全血眼皮下注射。

(六)布氏杆菌病

布氏杆菌病简称"布病",是人畜共患的一种地方性慢性传染病。其特征是部分母羊发生流产。本病无有效治疗药物,加强对本病的检疫、免疫、扑杀综合性预防措施是行之有效的。

定期检疫:羔羊每年离乳后进行一次布病检疫,成羊两年一药检。购进羊只必须进行检疫。发现病羊及时扑杀。

免疫接种:当年阴性羔羊用"羊型 5 号弱毒活菌苗"接种。成羊连续接种两年,一年一次。

(七)巴氏杆菌病

1. 症状

潜伏期 1～5 天,急性病羊无任何症状突然倒地死亡,多发生于三月乳羔羊;亚急性病羊表现为高热,呆立一角或卧地不起,食欲废绝,咀嚼困难并伴有咳嗽,排粪困难,粪稀软或呈泻状、恶臭并带有血丝和气泡,死前鼻腔、口腔有黏性分泌物,呈泡状;慢性者呈肺炎症状,咳嗽、腹泻,体躯逐渐瘦弱,经治疗可痊愈;自然流产后母羊转危为安。

2. 治疗

巴氏杆菌为羊体内常见菌,多因外界环境发生变化或饲养条件恶劣使机体抵抗力下降,导致内源性感染。病原体在发病羊体内继代,毒力迅速增强,进一步造成接触性传染,使疫情蔓延。夏季预防注射羊的出败疫苗,平时要注意饲养管理,增强机体的抵抗力。广谱抗生素及磺胺类药物都有疗效。

三、常见普通病防治技术

(一)常见消化道疾病

引起消化道疾病的主要病因是饲养管理不善,如饲料冰结、霉变、太硬、太粗、太细或饲喂大量发酵饲料(苜蓿、酒糟、豆类、块根料)等均易引起口腔炎、食道阻塞、前胃弛缓、瘤胃积食、瘤胃臌气、瓣胃阻塞、胃肠炎等疾病。这些疾病根据患病部位不同引起症状有所差异,但主要症状为消化不良、腹痛、腹胀、食欲下降、反刍停止、胃肠蠕动减弱或加快,粪便干燥或下痢等。人为因素造成的疾病必须在饲养过程中加以注意才能避免。饲料要合理配制,全价饲料,在饲料中应有动物必需的矿物质、糖类蛋白质、维生素、粗纤维等,缺一不可。饲草应进行合理地加工,如青贮、氨化、微贮等加工过程可使秸秆充分利用,并提高适口性和消化率,同时可有效防止消化道疾病的发生。一旦发生,要根据不同情况对症治疗。

(二)羊风湿症

病因是寒冷潮湿引起,常发于冬季,症状是羊四肢、腰肌、关节突出,行动不便。预防要保持圈舍干燥、通风,治疗可采用氢化可的松肌肉注射或穴位治疗。

(三)尿结石

1. 病因

尿结石是尿路中盐类结晶物刺激黏膜,进而出血、发炎和阻塞尿路的疾病。病因主要是长期饮水量不足;运动少,尿、汗排出障碍或大量排汗后盐类浓度过高;某些可引起尿液偏碱性疾病;长期喂富含磷的精料、块根料等。尿结石常因结石发生的部位不同而症状有差异,造成完全或不完全阻塞,引起尿闭、尿痛、尿频,甚至可致膀胱破裂。

2. 治疗

要给以充足清净的饮水,在饲料中添加适量的氯化铵可延缓磷、镁盐类在尿中沉积,饲料钙、磷比为2∶1。可用利尿剂乌洛托品或克尿塞辅助治疗。中药金钱草5 g加海金沙30 g,水煎服每日1次可助排石。同时注射青链霉素防治尿路感染。

（四）腐蹄病

1. 症状

舍饲羊因运动少，蹄部较少磨损，容易出现蹄壳过长或蹄形不正，这样会造成蹄部生病或跛行，以致发生腐蹄病。因此，要经常检查蹄生长情况，当出现蹄形不正时及时修蹄。羊舍保持清洁干燥，如发现病羊及时隔离治疗。

2. 治疗

零星发病时，可用 2‰～3‰ 来苏儿消毒患部，然后撒些硫酸铜粉末，用纱布包扎。大群发病时，可在羊舍门口设水泥池做药浴池，池内放入 8%～10% 硫酸铜溶液。羊出入洗涤 2～3 次。

（五）羔羊白肌病

1. 病因

白肌病是羔羊的一种以骨骼肌、心肌纤维以及肝组织等发生变性、坏死为主要特征的疾病。病变部位肌肉色淡、苍白。

2. 症状

急性者常未发现症状就突然死亡，一般以机体衰弱、心力衰竭、呼吸困难、消化机能紊乱为特征。患羊精神萎靡，离群，不愿运动，行走不便，心搏动快，每分钟可达 200 次以上，严重者心音不清，有时只能听到一个音。可视黏膜苍白，呼吸浅而快，每分钟达 80～90 次，尿呈红色、红褐色，出现蛋白尿。

3. 预防

对妊娠、哺乳母羊及羔羊要加强饲养管理，特别冬春季节更应注意饲喂含蛋白质和含硒的饲料，如干苜蓿等豆科饲料，对发生过白肌病或有白肌病可疑的地区，冬季给妊娠母羊注射 0.1% 亚硒酸钠注射液，每只注射 4～8 mL，每 20 天注射 1 次，共注射 2～3 次；对生后 2～3 日龄的羔羊注射 1 mL。

四、常见寄生虫病防治技术

舍饲肉羊感染寄生虫主要分为内寄生虫感染，如片形吸虫、消化道线虫和体表寄生虫感染，如虱、螨、蜱等。内寄生虫可导致羊贫血、消瘦、局部水肿、下痢、流产等。外寄生虫以吸食羊血、毛为主，使病羊瘙痒、不安，影响采食、休息，进而皮肤发炎和消瘦。防治措施主要是采取每年春秋两次驱虫药浴和环境消毒，可从根本上防止内外寄生虫的感染。

（一）疥癣病

1. 病因

疥癣病又称螨病,俗名叫"癞",它是由羊疥癣虫寄生在羊身体上所引起的传染性皮肤病。疥癣病一般是羊直接接触病羊或被疥癣虫污染的物体时,疥癣虫爬到健康羊身上感染引起的。疥癣虫在雨季繁殖很快,容易蔓延,到冬季发展到高峰。

2. 症状

疥癣虫侵袭羊体后,病初多发生于身体毛长的皮肤处,如背部、尾部及臀部。秋冬季节及剪毛前是疥癣虫活动适宜期,繁殖特别迅速,很快就蔓延到羊的体侧及全身。起初表现发痒,尤其夜间与清晨,病羊极其不安,到处摩擦、搔蹭或啃咬患部。背毛先潮湿后松乱,患病部位皮肤增厚、发炎,失去弹性。病羊逐渐消瘦、贫血、脱毛,在严寒季节里,多因极度消瘦而死亡。

3. 治疗

大面积感染的患畜外擦治疗效果差,采用虫克星胶囊治疗简便易行,疗效好。每羊 1 粒 (0.2 g),温开水灌服。药浴采用 50% 辛硫磷乳油,稀释浓度为 0.025~0.05%。

（二）羊鼻蝇病

1. 症状

羊鼻蝇病由羊鼻蝇幼虫寄生在羊的鼻腔、额窦引起的一种慢性寄生虫病。患羊常打喷嚏,先流鼻涕,后变浓性鼻液,带血,呼吸困难,渐渐消瘦,毛粗乱。严重时鼻腔幼虫钻入脑子里损伤脑膜,出现神经症状。

2. 治疗

用 3~5 mL 敌敌畏原液滴于纸上,另用纸包起来点燃。将 20~30 只羊圈在堵严的羊舍内,熏 10~15 分钟即可。鼻蝇蛆病流行地区,按期用敌百虫进行预防性驱虫。

（三）胃肠道线虫病

胃肠道线虫病主要有捻转线虫、结节虫、鞭虫、钩虫等,分别寄生在第四胃和肠道内,经消化道感染。治疗按每千克体重,投服左旋咪唑 8 mg、硝氯酚 4 mg,或按每千克体重投服 1% 敌百虫液 0.08~0.1 g。上述药液空腹服用,临产母羊禁服。

 黄河口海参健康养殖技术

东营市自 2003 年开始进行海参养殖试验并取得成功,从而实现了"东参西养"的突破。近些年,东营市海参养殖发展迅速,目前已达到 25 万亩,成为继辽东半岛、胶东半岛之后又一重要的海参养殖基地。"黄河口海参"品牌市场认可度逐渐提高。但从 2013 年起,全球经济萎缩,夏季持续高温、强降雨导致损失等一系列冲击,刺参产量及产品消费大幅缩减,产品价格持续下跌,苗种、养殖、加工、销售等各环节的瓶颈问题日益凸显,产业发展一度步入低谷。近两年来,随着刺参价格回暖,市场趋于平稳,为了应对新变化,刺参养殖技术有了新的观点和观念。

本书结合东营地区实际,总结、借鉴近几年来诸多专家的新成果,从环境条件、养殖设施、放苗及养成管理等方面进行简要介绍,以期能够为从事海参养殖和管理的专业技术人员提供一定的帮助。

第一节　环境条件和养殖设施

一、环境条件

(一)场址选择

选择在无污染源、进排水方便、水源充足、生态环境良好的区域建池,具备电力及生活用水配套、交通便利、通讯方便等条件。

(二)水源

水源充沛、水质清新、无污染,无淡水注入。

(三)水质要求

养殖用水要符合表 12-1 的要求,常规控制指标包括盐度 25～34,温度 0～30 ℃,pH7.8～8.5,溶解氧 5 mg/L 以上,水色呈浅黄绿色或浅棕绿色。

表 12-1 海水养殖水质要求

序号	项目	标准值
1	色、臭、味	海水养殖水体不得有异色、异臭、异味
2	大肠菌群	≤5 000,供人生食的贝类养殖水质≤500 个/L
3	粪大肠菌群	≤2 000,供人生食的贝类养殖水质≤140 个/L
4	汞	≤0.002 mg/L
5	镉	≤0.005 mg/L
6	铅	≤0.05 mg/L
7	六价铬	≤0.01 mg/L
8	总铬	≤0.1 mg/L
9	砷	≤0.03 mg/L
10	铜	≤0.01 mg/L
11	锌	≤0.1 mg/L
12	硒	≤0.02 mg/L
13	氰化物	≤0.005 mg/L
14	挥发性酚	≤0.005 mg/L
15	石油类	≤0.05 mg/L
16	六六六	≤0.001 mg/L
17	滴滴涕	≤0.000 05 mg/L
18	马拉硫磷	≤0.000 5 mg/L
19	甲基对硫磷	≤0.000 5 mg/L
20	乐果	≤0.1 mg/L
21	多氯联苯	≤0.000 02 mg/L

二、养殖设施

(一)池塘

池塘设计以长方形为宜,池塘面积 20～100 亩,有效蓄水水深大于 1.5 m。底质以泥砂质或砂泥质为好,池底不渗水,池坝坡比 1∶2.5。为便于参礁设置及进排水,池塘底在护坡前应压实,使池底达到平整结实。

池壁护坡,可采用水泥板、石头、混凝土或高密度塑胶地膜等材料护坡,防止坍塌。水泥板护坡,厚度一般为 5～15 cm;混凝土护坡,厚度一般为 5～8 cm。根据风浪和土质情况,也可以直接用土堤压实,不进行护坡。

河道进海水的池塘,进水不方便,盐度不稳定,含泥沙量大,应该设立蓄水沉淀池,以适时储存并沉淀海水,沉淀池与养殖池塘容水量为 1∶3～1∶4 为宜。

(二)进、排水系统

进、排水渠道独立,严禁进、排水交叉污染,防止疾病传播。合理利用地势条件设计进、排水自流形式,降低养殖成本。每个池塘设进、排水闸门,排水闸门的底基要低于池塘最低处,池底从进水口到排水口有倾斜,坡降水平高度在 20～30 cm,以利于排水。进水口和排水口应尽量远离,排水闸门顶部设置排淡水设施,在雨季能及时排除表层淡水。在堤坝上设计排淡水沟渠,方便及时排除地表淡水,防止大量地表水流入养殖池。池塘进水口设 40～60 目过滤筛网,防止自然海区的杂物或敌害生物进入养殖池。

(三)参礁材料及设置

1.参礁材料

常用造礁材料有瓦片、扇贝笼、遮阳网、编织袋、空心砖、水泥管等,或者几种材料搭配使用。

2.参礁设置

参礁的堆放形状多样,堆形、垄形、网形均可。参礁要相互搭叠、多缝隙,以给海参较多的附着和隐蔽的空间。瓦片、扇贝笼和编织袋等的覆盖面可以占池底面积的 1/2～2/3。

(1)瓦片。

将三块瓦片为一组,长边对接绑牢成一个长三棱柱体,参礁由 3～4 层这样的三棱柱体排列成一堆,沿池塘进、排水闸门方向排列,堆长为 3～4 m,堆高为 0.6～0.9 m,堆间距离为 1～2 m,行间距为 2 m 左右,每亩投瓦 3 000～4 500 片,其组数为 1 000～1 500 组。

(2)扇贝笼。

可以选用废旧扇贝笼或养成笼为附着基。使用时,先将扇贝笼逐一连接,然后伸展、绷紧,打开笼口,固定在池底,呈纵向或横向铺设,每隔 1～2 m 设置一行,每亩摆放 300～400 个。或者将扇贝笼悬挂在水体中,上部系在浮缆上,浮缆两头固定在堤坝上,缆绳系塑料浮子,下部落到池底,笼口打开,海参可自由进出,每亩悬挂 500～600 个。

（3）遮阳网。

将编织袋装满泥沙,把口扎紧,使直径达到 30 cm。按 2～3 m 间距沿池边深水地带排列成行,要求所有沙袋处于同一平面上,将遮阳网平铺在沙袋上拉紧。用沙袋将遮阳网在下层沙袋上压牢,然后在第二层沙袋上铺第二层遮阳网,一般水深 1.5 m 以上的池塘,设 2～3 层遮阳网为宜。

（4）编织袋。

用规格为 0.4 m×0.8 m 的编织袋,每袋内装 1/3 的泥沙,在泥沙处扎紧,3～4 个编织袋上部捆扎在一起,组成一个人工参礁,形成伞状,堆放于池底,间距约 2 m。

（5）空心砖或水泥管。

空心砖或水泥管平放池底,上下纵横排列,3 层为一堆,堆间距为 1～2 m,行间距为 2 m 左右,两种材料为多孔状,均有利于扩大附着面积和活动空间。

第二节　放苗前准备

一、整池消毒

新建参池应经过浸泡冲洗和阳光暴晒。进水浸泡 2 次,每次泡池 3 天,之后将水排尽,暴晒一周。养海参三年以上的参池,一定要清污整池,将参池等积水排净,封闸晒池,维修堤坝,对池底和石块、瓦片等参礁反复冲洗。在放苗前一个月,要对池塘进行消毒。常用生石灰或漂白粉进行清池消毒,池子进水没过参礁后,每亩用生石灰 60～80 kg 或漂白粉 10～20 kg,全池泼洒。先在池内浸泡 2～3 天,然后排掉,进、排水洗刷 2～3 次。

二、繁殖基础饵料

放苗前 15 天左右,池塘重新纳水,使新鲜海水淹没参礁,繁殖基础饵料,包括繁殖优良单细胞藻类、小型底栖生物等。可以使用优质有机肥如发酵鸡粪进行肥水,每亩施有机肥 10～50 kg,或复合肥 3～5 kg,全池均匀泼洒,使水呈黄绿色、黄褐色,透明度控制在 40～50 cm。

第三节　放苗

一、苗种选择

应优先选择国家级或省级海参原良种场培育的苗种且质量要符合表12-2的要求。

表12-2　海参苗种质量要求

项　目	大规格苗种	中规格苗种	小规格苗种	暂养苗种
外观	体表干净、无损伤,活力强;体态伸展,肉刺坚挺,对外界刺激反应灵敏;体色亮泽,体表无溃烂、无化皮,无口围肿胀;粪便散落不粘连,摄食旺盛;受到外界刺激后参苗收缩迅速、管足附着力强			
规格合格率	≥95%	≥90%	≥90%	—
畸形率	≤1%	≤2%	≤3%	≤5%
伤残率	≤1%	≤3%	≤5%	≤8%
安全要求	不得检出氯霉素、硝基呋喃类代谢物和孔雀石绿等国家禁用药物			

二、放苗环境

在水温5～20℃,盐度25～34,溶氧≥5.0 mg/L时放苗,放苗条件与苗种原来的培育条件尽可能一致,温差要小于2℃,盐度差要小于2。

三、放苗时间

苗种放养分春季投苗和秋季投苗,春季投苗即经室内人工越冬后于每年4月投放。秋季投苗即人工培育的当年苗种于10月投放。投苗选在晴天早上或傍晚进行,切忌在阴雨天或者晴天中午投苗。

四、放苗规格、密度

苗种规格在5 000～10 000头/kg,放苗密度2.5～5 kg/亩;苗种规格在1 000～5 000头/kg,放苗密度5～10 kg/亩;苗种规格在200～1 000头/kg,放苗密度10～25 kg/亩。建议放苗规格5 000头/kg以下为宜,成活率一般在70%以上。

五、放苗方法

规格在 5 000 头/kg 以上的海参苗种,宜采用网袋投放法,即将参苗装入网袋,网袋尺寸为 30 cm×25 cm,每袋所装数量视参苗的大小,一般可装 300～500 头。网袋系上小石块,沉入水底,网袋口半开,让苗种自行爬出。

规格在 5 000 头/kg 以下的苗种,可以人工下水直接放苗,将苗种均匀撒播在参礁上。

第四节 养成管理

一、水质管理

(一)海参养殖池塘水质变化的特点

1.水温和溶解氧的分层

2 月中下旬到 5 月上中旬,这期间气温和水温从严寒的冬季低温期逐步升高,但气温和水温的回升速度不同步,气温回升得快,水温回升得慢而有滞后现象,这样在养参池内水的中上层和底层就形成了水温差异。上层受光照和气温的影响,水温较高;底层的水温则偏低。温度高的水体密度较小,导致上层水一直在上层,难以和底层水通过上下对流进行交换,结果海参赖以生存的底层水成了"死水"。如果管理跟不上,不能及时采取有针对性的措施,将会导致不堪设想的后果。

空气中氧的扩散作用以及上层光线较强促进了水中浮游植物的光合作用,上层水的溶解氧较多,而这种较多的溶解氧不能通过水的上下对流输送到底层。底层海参的活动、代谢、有机物的分解等大量消耗氧气,缺乏及时的补充,海参赖以生存的底层成了低氧区,甚至是无氧区。海参代谢水平下降,循环、神经等系统的功能受到破坏,抗逆能力和抗病能力大大削弱。与此同时,厌氧细菌大量繁殖,分解产生有害物质,致使水质恶化。在这种内外条件的作用下,各种病原微生物必将乘虚而入,导致海参发病。

2.盐度的分层和变化

盐度的分层和变化主要发生在暴雨以后,池塘有大量雨水进入,由于密度的差异,在海水之上形成淡水层。淡水层隔断了养殖水体与空气的接触和交流,容易导致养殖水体缺氧和水质恶化。大量雨水与养殖水体的混合还会导致盐度急剧降低,使海参不能适应而死亡。

3. 水质的区位差异

养殖海参池塘内水体流动性较差,在水平方向上各不同区位的水质往往会不同:在池塘的死角、饲料和粪便堆积的地方水质和底质往往较差,而换水率较高和水流畅通的地方水质往往较好。海参的运动较鱼虾缓慢,如果栖息在水质和底质较差的地方就容易发病。

(二)春季管理(3～6月)

3月份气温开始逐渐回升,池塘水温易分层,应逐渐降低水位,保持0.8～1 m即可,充分利用光照,加快水温回升,促进底栖硅藻和浮游植物的繁殖,通过投放增氧剂或打开增氧设备,增加底层水溶氧含量。4～5月,水温在13～15 ℃时,应加大日换水量,日换水量10%～20%,有增氧设备的池塘应每天中午开机增氧,每次开启时间30～60分钟,以改善池水环境,保持池水溶氧量在5 mg/L以上。应每15～20天施用一次底质改良剂或微生态制剂,以改善池底生态环境,防止底层水缺氧。6月份,水温超过17 ℃时,要提高池塘水位,减少光照和气温对水温的影响,6月底前确保参池水位达到最高。

(三)夏季管理(7～9月)

日换水量20%～50%,保持1.5～2 m的高水位,盐度28～34,水温不超过30 ℃,保持透明度在40～60 cm,水色以浅褐色为好,使海参免受强光直射。在夜间气温较低时开启增氧机增氧,白天高温时不宜开机,也可以投放增氧剂增氧。在强降雨过程中,要打开排淡水设施,将池塘上层淡水尽快排出,消除水体分层,通过排淡水沟渠及时排除地表淡水,确保盐度不低于25‰。暴雨过后,应及时清除池底腐败杂藻,同时全池施用水质改良剂和底质改良剂,也可使用光合细菌、EM菌等微生态制剂,抑制有害菌类繁殖。有条件的、面积较小的池塘,可以设置遮阳网,降低光照强度,增设遮光、遮晒、凉阴设施,预防池水温度升高过快,也可以打深水井,利用地下水交换降温,并尽量在夜间提水。

1. 池塘遮阳网的安装方法

选用六针遮阳网,宽度2 m,两组遮阳网之间间距1 m。用钢管做遮阳网的支架,南北两边对称安装,钢管打入地下,露出地面部分比池塘高5 cm左右,中间东西方向每隔15 m左右安装一个钢管,高度比池塘坝顶高30 cm左右,中间的钢管直接用塑料油丝绳连接,固定在池坝上起到防止遮阳网下坠的作用。在遮阳网长边安上拉环,短边安上塑料管,两片遮阳网为一组,用塑料油丝绳穿过拉环,采取类似于安窗帘的方式,把遮阳网安装到池塘上。遮阳网近岸一边固定到两边的钢管上,在中间的塑料管上绑上绳子,起到收放遮阳网的作用,白天天热可以拉上,晚上可以收起。

2. 地下井水降温设施安装方法

在池塘附近打井,深度 110 m 左右,出水温度平均为 15 ℃,在池塘东西方向靠近池边各安装一根直径 110 mm 的 PVC 水管为主管线,中间南北方向每隔 3 m 使用一个直径 32 mm 的 PVC 水管连接两根主管线,靠近地下井边的主管线两端堵死,中间和地下井的出水管连接,另一根的主管线池塘进水口一端堵死,靠近池塘排水口一端连接到排水口,在池塘水温较高时抽取地下井中的低温井水进入管道,采用热交换的方式降低池塘中的水温。

(四)秋季管理(10～12 月)

10～12 月随着水温的下降,将水位逐渐降至 1 m 左右,日换水量 10%～20%。可在每天凌晨开启增氧机 10～15 分钟,消除水体分层。每周施用一次底质改良剂,改善底质环境,抑制底质中有害厌氧菌繁殖。在饵料中添加维生素 C 或免疫多糖,促进海参的摄食量,提高海参的免疫能力和抗应激能力。当 12 月份水温降到 10 ℃ 以下时,逐渐升高水位,最终保持在 1.5 m 以上,使用微生态制剂改善池底环境。

(五)冬季管理(1～2 月)

水温低于 5 ℃ 时,海参进入冬眠状态,此时应将池水深度保持在 1.5 m 以上。池塘封冰前要进行底质改良和消毒处理,可以使用微生态制剂或底质改良剂。雪后及时清除积雪,通过打小冰眼,投放增氧剂进行池水增氧。融冰后要及时排出表层海水,监测外海理化指标,水温、盐度适宜后,进行换水,换水量 10% 左右。

二、投饵

(一)安全要求

海参饵料卫生应符合表 12-3 的要求。

(二)饵料种类

天然饵料不足时,可适当补充人工饵料。海参饵料资源较广泛,通常以川蔓藻、鼠尾藻、海带等为主加工成藻粉，制成配合饵料投喂，或将海带等藻类经浸泡、蒸煮后制成浆状或小碎片直接投喂，也可使用海参专用人工配合饲料。

表 12-3　渔用饲料的安全指标限量

项　目	限　量	适用范围
铅(以 Pb 计)	≤5.0 (mg·kg^{-1})	—
汞(以 Hg 计)	≤0.5 (mg·kg^{-1})	—
无机砷(以 As 计)	≤3 (mg·kg^{-1})	—
镉(以 Cd 计)	≤0.5 (mg·kg^{-1})	—
铬(以 Cr 计)	≤10 (mg·kg^{-1})	—
氟(以 F 计)	≤350 (mg·kg^{-1})	—
氰化物	≤50 (mg·kg^{-1})	—
多氯联苯	≤0.3 (mg·kg^{-1})	—
异硫氰酸酯	≤500 (mg·kg^{-1})	—
噁唑烷硫酮	≤500 (mg·kg^{-1})	—
油脂酸价(KOH)	≤2 (mg·g^{-1})	育苗配合饲料
	≤6 (mg·g^{-1})	养成配合饲料
黄曲霉毒素 B1	≤0.01 (mg·kg^{-1})	—
六六六	≤0.3 (mg·kg^{-1})	—
滴滴涕	≤0.2 (mg·kg^{-1})	—
沙门氏菌	不得检出 (cfu/25 g)	—
霉菌	≤3×10^4 (cfu/g)	—

(三)投喂原则

3～6 月，海参摄食不断旺盛，天然饵料不足时，可投喂配合饵料，每 3～5 天投喂一次，投喂量按海参体重的 1%～2%，促使海参快速生长。

7～9 月，随着水温升高，减少投喂次数，每 7 天投喂一次，投喂量不超过海参体重的 1%。水温高于 20 ℃时，应停止投喂饵料。

10～12 月，水温逐渐下降，底栖硅藻繁殖较慢，应加强投喂人工饵料。每 3～5 天投喂一次，投喂量按海参体重的 1%～2%，促使海参快速生长。

1～2 月份，水温低于 5 ℃，海参进入冬眠期，不进行投喂。

三、病害防治

黄河口地区海参常见病害有腐皮综合征、霉菌病、肿嘴病。

(一)腐皮综合征

发病症状:感染初期多有摇头现象,先是口部出现局部感染,表现为触手黑浊、应激性差、肿胀、不能收缩与闭合,继而大部分海参会出现排脏现象;中期感染时身体收缩、僵直、体色变暗,口腹部先出现小面积溃疡;末期感染溃疡处增多,表皮大面积腐烂,最后导致海参死亡,又称皮肤溃烂病、化皮病。

发病原因:与环境污染、溶解氧低、水质淡化、体质减弱等因素有关。

防治措施:加大换水量,使用底质改良剂控制有机物,杀灭病菌,通过使用增氧机或投放增氧剂增加池水和池底溶解氧含量。

(二)霉菌病

发病症状:水肿或表皮腐烂,水肿的个体通体鼓胀,皮肤薄而透明,表皮腐烂的个体,先是棘刺尖端发白,然后开始溃烂,严重时烂掉呈现白斑,继而感染面积扩大,表皮溃烂脱落。霉菌病一般不会导致海参大量死亡,每年4～8月为霉菌病的高发期,幼参和成参都易患病。

发病原因:有机物过多或大型藻类死亡沉积,导致水体缺氧,致使大量霉菌繁殖感染。

防治措施:增加换水量,降低有机物等有害物质浓度。定期使用微生物制剂进行底质改良,水色保持在黄褐色、黄绿色为好。

(三)肿嘴病

发病症状:主要发生在化冰期后期,部分海参会出现肿嘴、口部出现局部感染现象,表现为围口膜松弛,触手对外刺激反应迟钝。

发病原因:养殖池塘的水体很难得到交换,池底有机物积累、缺氧,细菌大量繁殖,海参体质比较虚弱,而且融化的冰层使池塘的盐度变化较大,海参在恶化的水质条件下受到感染所致。

防治措施:首先排出少量表层水,然后进行换水,稳定池塘的盐度;换水后使用微生态制剂进行解毒,清除池底亚硝酸盐、硫化氢的毒害作用,增加海参免疫力,提高对病菌的抵抗能力。

四、敌害防治

(一)锥螺

锥螺在近年海参池塘中普遍出现,而且繁殖速度呈直线上升的趋势,多地区已经泛滥,争夺了池塘本来就不多的天然饵料,占据有限的海参生活面积,也会导致水清、易长草等问题出现。

主要危害:锥螺摄食习性与海参相同,严重争抢海参饵料;锥螺为底栖动物,需要附着基,争抢海参活动面积;繁殖速度快,致使水质清瘦、易长草等危害。

原因分析:刺参池塘常年清除敌害,螺卵没有了天敌,成螺肆意生长;底质调控不及时,导致池底环境恶化,为锥螺提供了有利的生长条件;水质清瘦,近年海参养殖追求清水养殖,充足的光照促进螺的生长繁殖。

防治措施:暂时还没有药物可以有效处理,只能用改善环境和生物防治的方法控制锥螺的生长繁殖。正确使用渔药,改良底质、降低透明度,混养梭子蟹,可以起到控制锥螺繁殖的作用。

(二)玻璃海鞘

主要危害:与海参争夺生活空间和饵料,大量消耗溶解氧,同时向水中排泄代谢产物,污染水质。

防治措施:加强对水源的管理,做好过滤处理,但是清除往往不彻底,很快又大量繁殖起来,新的更为有效的防治方法还有待于探索。

(三)几种大型藻类

1.钢丝草

主要危害:一是大量的钢丝草会抑制池塘水体中基础饵料和单细胞藻类的正常繁殖和生长,从而造成养殖池塘营养物质匮乏;二是钢丝草会缠绕海参个体,造成海参生长缓慢;三是钢丝草腐烂后造成底质恶化,容易造成海参病害发生;四是钢丝草捞除工作量大,费事费力。

防治措施:目前对钢丝草的防治还没有有效的方法,预防措施主要是春季水温升高时使用一定浓度的扑草净进行抑制,夏季大量繁殖时只能靠人工捞除来解决。

2.川蔓藻

主要危害:海参养殖池塘中一定数量的川蔓藻对海参的生长有促进作用。

一是可以为海参提供遮阴的场所,二是可以净化水质,三是可以为海参提供一定的饵料。但夏季高温季节如果数量过多,则会使池塘透明度过高,造成池塘底部温度过高,容易造成海参化皮等病害,这时应及时捞出。否则秋季时,川蔓藻倒伏在池塘底部,造成海参捕捞困难并严重影响其生长。冬季时,川蔓藻逐渐腐烂,造成池底底质恶化,从而引发海参病害,严重影响海参养殖产量。

防治措施:在春季水温逐渐回升时,即川蔓藻长度达到 3 cm 左右时,用农用"扑草净"搅拌湿土杀灭,可起到良好的防治效果。此方法操作简单,省时省力。使用时应注意池塘水温的变化,水温过高时应停止使用。另外,注意扑草净不能过量使用,以免对水质造成影响。

3. 青苔

主要危害:过多的青苔会占据整个海参石礁。一方面,阻碍海参不能正常出礁摄食;另一方面,也占据海参的活动空间,影响海参摄食生长。另外,青苔具有不易捞除的特点。

防治措施:目前青苔的防治主要以预防为主,在春季水温合适时进行适当肥水:一方面,会降低养殖池塘的透明度;另一方面,也可抑制青苔的大量繁殖和生长。夏季时提高池塘水位,保持池塘的透明度在 30～40 cm,可有效防止和控制青苔及钢丝草的生长。在实际养殖过程中也可以采用农用"扑草净",但是都不能从根本上清除掉,只能起到抑制的作用。

综上所述,海参养殖池塘内的川蔓藻、青苔及钢丝草等有害植物一旦繁殖过快,便会死亡腐烂,不仅会严重污染水质,还会造成池底部缺氧。因此,发现有害藻类和杂草繁殖过快时要注意及时捞出,以保持池水清新。同时,在离进水口较近的渠道内也要设有几道过滤网、浮筏以拦截外海的海藻等。另外,还应根据不同的有害藻类、杂草的繁殖季节和生理特性,采取化学手段,有效地预防或抑制这些有害物的繁殖生长。近几年,有人尝试利用点篮子鱼进行藻类的调控,投放时机选择在水温稳定在 18 ℃以上,投放规格 7～10 cm,投放密度 15～20 尾/亩,可有效控制藻类过度繁殖,同时减少化学制剂的使用,减少污染和产品质量安全风险。

五、日常监测

坚持早、晚巡池,观察、检查海参的摄食、生长和活动情况,每天重点检测水温、盐度、溶解氧、pH 等技术指标,并做好记录。做好池塘水质调控,夏季高温期及时捞出池内杂藻,保持池水清洁,经常潜水检查海参的生长情况,观察海参是否患病,如发现患病,及时分析病因并采取相应处理措施,不可盲目用药,以免造成更大的损失,药物使用应符合相关要求。

第五节　收获

采捕时间一般在每年 4～5 月、11～12 月,采捕规格为 100 g/头以上。

 # 黄河口大闸蟹养殖技术

黄河口大闸蟹,学名中华绒螯蟹,俗称毛蟹、河蟹,是黄河三角洲地区的名特水产品,它在渤海黄河口进行繁殖,繁殖结束后溯河到黄河水域进行生长。东营市养殖黄河口大闸蟹具有很好的区位优势:一是生态环境好,黄河口湿地自然保护区面积辽阔,水草茂盛,特别适宜黄河口大闸蟹的养殖;二是水源充沛,水质良好,黄河从东营境内穿过,淡水资源丰富,特别适宜大闸蟹的生长发育;三是亲蟹资源比较丰富,黄河口生态湿地、黄河两岸各种水库中都有黄河口大闸蟹的自然分布,数量多,规格齐全。

本章总结出适宜黄河三角洲地区黄河口大闸蟹扣蟹和成蟹养殖的技术规程,实现标准化生产,提高黄河口大闸蟹种质质量,从而提升东营市水产养殖的科技含量。

第一节　扣蟹培育技术

黄河口大闸蟹是通过几次显著的变态而发育长大的,幼体个体的增长和形态上的变化都发生在每次蜕皮之后。因此,蜕皮是生长变态的一个标志。黄河口大闸蟹的个体发育分为 3 个阶段,即幼体、幼蟹和成蟹。其中,幼体可分为蚤状幼体和大眼幼体,幼蟹指大眼幼体到一龄蟹种。幼蟹又称为蟹种、扣蟹,幼蟹的培育是为大规格成蟹的养殖提供种子的关键步骤。在这段时间中,黄河口大闸蟹蜕壳次数多达 7 次,生长迅速,增重倍数大,加强日常管理就特别重要。扣蟹养殖的成功与否直接关系到成蟹的质量,是大闸蟹养殖成功的关键一步。

一、池塘及水源要求

(一)池塘地点选择

根据大闸蟹昼伏夜出的习性,蟹池应选在水源充足、注排水畅通、水质无污染、池底淤泥少、多草、位置较僻静、通电、通路的场所。

（二）池塘模式

1. 池塘式

其形状为长方形或正方形，面积 1～10 亩，池水深 1.2～1.5 m；也有的池塘中间剩 1/3 的浅水平台，平台水深 0.2～0.3 m；池塘两端建有进、排水设施，进、排水口均要安装 60 目网纱的过滤网，防止敌害鱼虾入池和扣蟹的逃逸。池塘坡比为 1∶3。池塘式养殖扣蟹投放苗量为每亩放大眼幼体 1 kg。

2. 稻田养蟹式

采用在稻田四周开挖环沟，环沟的宽为 2～2.5 m，沟深为 0.8～1 m，稻田中间每间隔 5～10 m 开一条引水沟，沟宽 1.5 m，深 0.6 m，稻沟面积比为 6∶4，每块稻田面积为 2～5 亩为宜，配有进、排水设施，每亩稻田养蟹可投放大眼幼体 0.8 kg。

3. 平田提水式

平田提水式培育扣蟹的池塘面积比较小，池塘长 25 m、宽 4 m，池深挖土 0.3 m，堆高埝岸 0.4 m，可蓄水 0.5 m，防止漏水，可以用 6 m 宽幅的农用薄膜全池铺设，并在池底四周设置平瓦做蟹窝，每亩放平瓦 2 000 只，配有进、排水设施。平田提水式培育扣蟹可以密度大一些，每亩可投放大眼幼体 1.5 kg。

4. 环沟式

扣蟹养殖池塘面积一般 2～5 亩，其中，环沟面积占 40%～50%，池塘环沟呈"口""日"或"田"字形，环沟坡度 1∶5，平均水深 1～2 m，池埝坚实不漏水。池底平整少淤泥且有一定的坡度，使池底向出水口一侧倾斜，每亩可投放大眼幼体 1 kg。

（三）水源、水质要求

水源充足，无工业、农业及生活污染，水质符合农业部 NY5051—2001《无公害食品淡水养殖用水水质》要求。养殖期间减少池水向外河的排放，避免养殖自身的污染。

二、放苗前的准备

（一）整池消毒

黄河口大闸蟹大眼幼体放养前半个月应先对池塘进行清塘消毒。在生产中常用的清塘消毒药物是生石灰，生石灰能杀灭水中的有害生物，还能改良底质，增加钙的含量,漂白粉、茶粕等也可用来清塘消毒。若使用新开挖的池塘作为扣蟹培育池,水深不足半米深时,每亩池塘用 100～150 kg 生石灰拌水后全池泼洒;若使用往年的扣蟹培育池塘,应先将上年的扣蟹苗全部捕抓后再整理池塘,放养前暴晒池底至开裂,这样可以杀灭病菌,改善土质,或者用生石灰、漂白粉等全池泼洒灭菌。在大眼幼体下池前 10 天左右可施用有机肥(如鸡粪、猪粪等)肥水,每亩施腐熟的有机肥料 75～100 kg,以培育浮游动物和底栖动物,为大眼幼体提供优质天然饵料,进而大大提高大眼幼体的成活率。

(二)防逃设施

沿蟹池四周埂上距塘口 50 cm 挖深 30 cm 小沟,将 80 cm 宽幅聚乙烯加厚薄膜埋入该沟约 30 cm 处,左右夯实,埂上留 50 cm 高,然后沿聚乙烯加厚薄膜外每隔 1 m 左右打一根 80 cm 长的细竹竿,入土 30 cm 左右,在竹桩上端拉直径为 3～5 mm 的聚乙烯绳,依次将支柱连接牢固。将聚乙烯加厚薄膜上边与支柱上端的聚乙烯绳连接牢固,形成防逃网。防逃设施的四角应成圆角,防逃设施内留出 1～2 m 的堤埂,池塘外围用聚乙烯网片包围,高 1 m,以利防逃和便于检查。

(三)黄河口大闸蟹养殖池塘水草的栽培

水草栽培是培育优质幼蟹必不可少的工作,有适量水草的池塘较无水草的池塘蟹苗成活率明显提高。水草能消耗池塘中的二氧化碳和氨氮等营养盐进行光合作用,在一定程度上抑制了浮游植物的快速繁殖,净化了水质,又能提供丰富的溶解氧,利于大闸蟹的生长。在夏季高温季节,水草还能吸收太阳热能,从而降低了池塘的水温。水草茂盛了,其他的底栖动物和水生昆虫等以水草为附着物,为大闸蟹提供了极好的天然饵料;水草茂盛,还可防止大闸蟹挖洞逃跑。养蟹池中的水草分布要均匀,种类要搭配,挺水性、沉水性及漂浮性水草要合理栽植,保持相应的比例,以适应大闸蟹生长栖息要求,但不能过多,否则会败坏水质,影响大闸蟹正常生长。

1. 栽插法

这种方法一般在蟹种放养之前进行,首先浅灌池水,将轮叶黑藻、伊乐藻等带茎水草切成小段,长度 15～20 cm,然后像插秧一样,一束一束均匀地插入池底,株间距为 20 cm×20 cm 左右,每亩用嫩草茎 40～60 kg。池底淤泥较多,可直接栽插。若池底坚硬,可事先疏松底泥后再插栽。

2. 移栽法

芦苇等挺水性植物应连根移栽,移植时应去掉伤叶及纤细劣质的秧苗,移栽位置可在池边的浅水处,要求秧苗根部插入水中 10～20 cm,整个株数不能过多、过密,应根据池塘及水草条件灵活掌握移栽数量,一般每亩 30～50 棵即可,否则会大量占用水体,造成不良影响。

3. 播种法

近年来最为常用的水草是苦草。苦草的种植采用播种的方法,有少量淤泥的池塘最为适合。当水温达到 18 ℃以上,将池塘水位控制在 15～20 cm,先将苦草籽用水浸泡一天,再将泡软的果实揉碎,用搓衣板把果实里细小的种子搓出来,然后加入约 10 倍于种子量的细沙壤土,与种子搅匀兑水稀释后按条状泼洒于池塘中,保持水深 10～15 cm,以后逐渐加深池水。

播种时最好先进行发芽率实验,以便确定播种数量,发芽率低的应适当加大种子数量,一般每亩 100～200 g。4 月份,水温上升到 15 ℃时,苦草种子开始发芽生长。苦草的种子比较小,呈黑色,每千克种子约 600 万粒。苦草种子在水温 18～22 ℃时,经 4～5 天时间便可以发芽;半个月左右,苦草便基本出苗。苦草发芽后先长须根,再长叶片。当叶片长到约 10 cm 时,苦草基部开始长匍匐茎。苦草可以靠匍匐茎繁殖,匍匐茎上节可生根发芽,长成一整棵苦草,新的苦草再生出匍匐茎,这样苦草在水底以指数式扩张。每年从 6 月初到 10 月初是苦草繁殖生长的鼎盛期;10 月中旬以后,生长逐渐进入衰老期。

(四)优质蟹苗的选择

优质苗种是养成大规格黄河口大闸蟹的种质保证,其标准是:种质优良和体质健康。优质蟹种的顺序是野生的优于养殖的,河流的优于湖泊的,湖泊的优于池塘的。选择优质蟹苗要注意以下几点:一是黄河口大闸蟹的生活方式分为穴居和隐居两种。当池塘内水草或者其他附着物充足时,黄河口大闸蟹多以隐居的方式为主,水草下苗种多,说明蟹苗密度大、成活率高;当池塘内水草或者其他附着物不足时,黄河口大闸蟹开始在池边打洞,以穴居的方式生活,这时易形成懒蟹,所以池塘四周洞穴多的塘蟹苗不好。二是选购蟹苗时规格折中为好,不能一味地选择规格大的蟹苗,不能买杂蟹、受伤蟹、"僵蟹"、"绿蟹"、病蟹和肢体残缺蟹。蟹种要求体质健壮、附肢完整、"食线"清晰、鳃丝透明或呈浅灰色、爬行速度快且无伤病,此外还应剔除"早熟蟹"。

(五)性早熟蟹种识别

性早熟蟹种是指当蟹苗长至 20 g 左右时其性腺已发育成熟。如果不加识别地向养殖池塘中误放养了性早熟的蟹种,则这种蟹有可能在养殖过程中就死亡,给黄河口大闸蟹养殖户造成严重的经济损失。性早熟黄河口大闸蟹的辨别方法有：

（1）蟹种的腹部：性早熟的雌蟹长有绒毛的腹部变圆，腹甲的第四、第五节变得比其他腹甲要宽；性早熟的雄蟹交接器已发育好，并且为白色，已经骨质化。

（2）蟹种的螯足与步足：没有达到生理成熟的黄河口大闸蟹螯足及步足的掌节一般都没有绒毛，若螯足或步足长有浓密的绒毛则已达到性成熟。

（3）头胸甲的颜色：未达到性成熟的黄河口大闸蟹头胸甲背面呈现淡黄色，性成熟后转变为墨绿色或青色且背部变得更加凹凸不平。

（4）蟹种的性腺发育状况：雌性性早熟的黄河口大闸蟹卵巢呈紫色，雄性精巢为白色条状物达到性成熟，没有成熟的黄河口大闸蟹肝脏呈橘黄色。

以下措施可以降低黄河口大闸蟹的性早熟：一是在池塘中给黄河口大闸蟹建造洞穴，给幼蟹提供栖息场所；二是在高温季节投喂的饵料中要适当地减少动物性饵料，多加一些植物性的饲料；三是适当增加池塘的水深，高温季节多换水，以降低水温；四是在培育池中移植水草，水草覆盖率达到50%，以降低幼蟹生长的有效积温，并提供适口的植物性饵料。

（六）大眼幼体投放

蟹苗通常采用干法运输。干法运输可以使用泡沫箱或者特制的木制蟹苗箱，长40～60 cm、宽30～40 cm、高8～12 cm，四周打上小孔以便蟹苗呼吸。装苗时，先在底部铺上一层湿纱布、毛巾或者水草，既保持湿润，又防止局部积水和苗层厚度不同，将蟹苗用手轻轻均匀地撒在箱中。一般应在夜间进行运输。路途较远时为了保持湿润要用培育池塘的水进行喷洒，防止风吹、日晒、雨淋，防止温度过高或干燥缺水，也要防止洒水过多，造成局部缺氧。

放养时间一般选在5月上旬，投放时要沿池塘四周将蟹苗均匀摊开放入水中或水草处，放养密度一般规格为16万只/kg左右，每亩放养1 kg左右。多年实践表明，放养量不宜超过1.5 kg，过密培育出的扣蟹规格不一且偏小，过稀则性早熟比例高。放苗时，应先将蟹苗箱放入水中两分钟，再提起；如此反复2～3次，先使蟹苗适应池塘的水温和水质，然后将箱放入塘内让蟹苗自行爬出游到培育池中。这样既能提高蟹苗的成活率又能防止蟹苗过早爬上岸边不肯下水而影响生长。

三、培育管理

(一)投喂管理

刚投放的大眼幼体以放养前肥水培育的大型浮游动物如轮虫、枝角类、桡足类等活饵料为主饵料,辅以人工饵料蛋黄、豆浆、豆腐糜、鱼糜等。人工饵料应先捣碎用纱布包裹后放入水中,然后将释放出的粉末连同水一块泼洒在培育池中。投喂时以少量多次为宜,否则易败坏水质。大眼幼体变为一期仔蟹3~5天后,适当投喂蛋白质含量高的开口饵料如打碎后的小杂鱼等,经过30~40天时间共5次蜕壳成为五期幼蟹。日投饵两次,上午占总当日投饵量的1/3,下午占总投饵量的2/3。投喂时沿着培育池岸边均匀泼洒,投喂量要根据水温、天气、水质等情况而定,以吃完为宜。整个投喂期间,早期和后期要投喂蛋白质含量高的动物性饵料,中期投喂植物性饵料,如小麦、麦麸等,以防止幼蟹蛋白质摄食过量而营养过剩导致性早熟。

(二)水质调控

扣蟹养殖要求条件比成蟹高。首先,水质要求清新,水源无污染,pH 7.5~8,溶解氧5 mg/L以上,水中氨氮不超过0.5 mg/L,水中硫化氢的含量不超过0.2 mg/L。其次,蟹苗下塘时保持水位50~60 cm,开始不加水、不换水,大眼幼体第一次蜕壳后,逐渐加注经过过滤的新水。水深1 m左右时开始换水,换水最好在晚上,先放掉一部分再加新水,每次换水不要超过10 cm,透明度需要保持在35~40 cm,严禁蜕壳时间换水。再次,15~20天全池泼洒生石灰,用量为60 kg/每亩。春天刚放大眼幼体时培育池塘水深可以浅一些,随着天气变暖换水时加大、加深水池的养殖用水。夏秋季节至少保持在1.5 m,且夏秋季节应勤换水,最好使培育池保持微流水状态,这样不仅可以降低水温,还能控制"性早熟蟹"。当冬天水温降低时,水深应保持在1.8 m左右,以使扣蟹安全过冬为主。到后期尤其在越冬前要进行1~2次水体消毒,防止病害发生,可使用杀菌红或二溴海因等全池泼洒,消毒一个星期后全池泼洒生石灰以调节水质。

(三)扣蟹捕取

在蟹池的进水口埋下一个缸,白天对蟹塘进行排水,从下午一点开始冲水,扣蟹就会随着水流的方向逆向爬行,进入缸中;晚上就可以直接从缸中捞取扣蟹。能够沿着水流逆向爬入缸中的扣蟹体力较好、较强壮,而且这种捕取方式不会对扣蟹造成伤害,从而提高了成蟹养殖过程中的成活率。

第二节 成蟹养殖技术

随着黄河口大闸蟹生产的发展,大闸蟹养殖技术日趋成熟,人们对大闸蟹的要求越来越高,生产大规格无公害的大闸蟹是市场所需,黄河口大闸蟹的养殖已经实现了从传统的"大养蟹"重数量向"养大蟹""养好蟹"重质量的转变。

一、放苗前准备

(一)清塘消毒

秋冬排干池水,铲除表层 10 cm 以上的淤泥,晒塘冻土。11 月池底放水 5～10 cm,用生石灰 70～100 kg/亩,融化后全池泼洒。这样既可以消毒,杀灭病原体和残余的野杂鱼,又可改善池塘底质,提高池水的 pH 和增加水中钙的含量,促进大闸蟹的生长发育。

(二)种植水草、放养螺蛳

黄河口大闸蟹产量的高低,主要取决于水域内水草和饵料的多少。在养殖过程中种好水草是一项不可缺少的技术措施。水草应在蟹苗放养前清明时节栽种,池塘中栽种的水草可以是沉水性的苦草、伊乐藻,也可以是漂浮性的水花生、浮萍等。螺蛳是水质的"净化专家",池塘放养螺蛳既可吸食水中浮游生物和有机质,又可提供大量的动物蛋白。在 5 月以前,放螺蛳 150～200 kg/亩,全池均匀抛放,8 月可再放养,分两次放养。

(三)加注新水

扣蟹放养前一周加注经过过滤的新水至 80 cm。加注水时,用规格 60～80目的尼龙绢网袋过滤,以防野杂鱼类及其鱼卵进入池塘。

二、苗种放养

放养时要选取规格整齐、体质健壮、爬行敏捷、附肢齐全、指节无损伤、无寄生虫附着的扣蟹,严禁投放性早熟扣蟹。

放养时间和数量应根据蟹种的规格和来源确定,如放养 100～200 只/kg 的蟹种,一般在每年的 2～3 月进行,亩放 500～800 只。为了净化水质,消耗水中浮游生物,可以同时放养规格为 50～100 g/尾的鲢、鳙鱼种,亩放各 50 尾左右。扣蟹需经 3‰～5‰食盐水溶液浸泡 5～8 分钟后放养。

三、养殖管理

(一)饵料的投放

黄河口大闸蟹食性比较杂,稍微偏向动物性饵料,所摄取的动物性饵料包括小杂鱼、小虾、螺蛳、河蚌、蚯蚓、蚕蛹、枝角类和桡足类动物等,植物性饲料包括麦麸、玉米、豆饼、花生饼、地瓜、土豆、各种水草等,黄河口大闸蟹还可投喂全价配合饲料。投喂饵料需遵循"定时、定位、定质、定量"的"四定"原则:定时即投喂饵料的时间要相对固定,每天两次,早晨 6～7 点、傍晚各投一次;定位即投喂饵料的地点固定,可设置食台,也应适当撒洒全池,使池塘中的黄河口大闸蟹都能吃到饲料;定质即饵料的质量要求荤素搭配合理,不能变质;定量即饵料投喂需根据黄河口大闸蟹的生长阶段、天气状况、水透明度等调整投饵量,如果发现过夜剩余饵料,应减少投饵量,蜕壳前应适量增加投饵量。

(二)水质调控

黄河口大闸蟹池塘水位应该坚持"前浅、中深、后勤"的原则,即春季为了使水温尽快升高确保黄河口大闸蟹的生长,池塘水位不宜过高;中期指的是夏秋季气温比较高,水温也高,需要加深水位,这样做一是可以降低水温,二是增加水量,能使水质相对清新,溶氧充足。后期由于黄河口大闸蟹的生长池塘水质偏向酸性,故换水次数要增多,换水时要边排水边进水,新注入的水与池塘水温差不能超过 3 ℃且无污染。还可以采用其他措施改善水质:一是使用生石灰调节水质,使池水呈微碱性,增加水中钙离子含量,促进大闸蟹蜕壳生长;二是施用复合生物制剂(EM 菌、光合细菌等),分解水中的有机物,降低氨氮、硫化物等有毒物质的含量,改善池塘水质,特别在换水不便或高温季节效果更加明显,同时还可预防病害的发生。

(三)蜕壳期的管理

群体蜕壳期限太长,不利于增重和养成,因此蜕壳过程管理尤为重要。使大闸蟹集中蜕壳要点有:一是准确掌握每次蜕壳的时间;二是每次蜕壳前后,饲料中的动物性蛋白等营养成分要达到 50‰～80‰;三是一旦发现有蜕壳蟹,立即泼洒生石灰 15～20 kg/亩,同时大量注水、换水,并使新水位高出原水位 10 cm,以增加附着物的面积;四是蜕壳进入高峰期间,要增加饵料台数量,以保证软壳蟹充分摄食。

(四)日常管理

养殖黄河口大闸蟹管理很重要,每天要至少巡视池塘两次,上午一次,下午一次。巡塘时:一是查看水质,一旦发现水质变坏要及时采取措施,可以使用净水剂或加水、换水;二是观察黄河口大闸蟹的摄食情况,根据天气及生长情况及时调整饵料的投喂量;三是观察水草和螺蛳,发现水草和螺蛳被黄河口大闸蟹吃掉要及时补充;四是观察防逃设施有无破损,特别在风雨天气要防止黄河口大闸蟹从破损处逃跑;五是观察致病生物,发现有敌害入侵及时采取措施补救。

四、成蟹的捕获

黄河口大闸蟹多数在秋季捕捞收获,最好在霜降节气前后的半个月内进行捕捞,否则起捕率会大大降低。因为黄河口大闸蟹在立冬天气转冷前,除去逃逸的,大多数会挖洞躲藏起来。黄河口大闸蟹收获前应进行品质检验;收获捕捞以地笼为主方式,迷魂阵为辅方式诱捕,选择规格大、成熟的产品在清晨和黄昏时起水,防止产品受伤;收获、运输用的工具、器皿都应该清洁干净;运输以竹篓、泡沫箱、网篓包装并加贴产品质量检验标签。

(一)池塘养殖的黄河口大闸蟹捕捞方法

1.加水干塘捕捞

先将池塘加水直至淹没黄河口大闸蟹的洞口,逼迫黄河口大闸蟹从洞内爬出,游到水中。在黄河口大闸蟹还没有来得及爬进洞内时抽干池塘中的水,这样大多数黄河口大闸蟹便集中在了池塘的最低处,之后用小网兜下水捕捞。注意池塘排水时,在出水口拦上防止黄河口大闸蟹逃跑的拦网。

2.生殖季节捕捞

在繁殖季节,黄河口大闸蟹大量爬上池塘岸边,可以利用黄河口大闸蟹的这一特性及时捡拾,晚上也可利用灯光引诱黄河口大闸蟹集中捡拾。

以上方法主要是针对小面积的养蟹,很容易就可以捕捞。

(二)养殖在水库等大水体的黄河口大闸蟹捕捞方法

1.地笼网捕捉

地笼网有很多节,每一节都有入口,每个入口只能进不能出,每隔几节有一个集蟹的网兜,将十几米长的地笼网沉到池塘底部,只要隔几个小时拖出地笼网倒出黄河口大闸蟹即可。

2. 刺网捕捉

刺网由尼龙丝织成,垂直放入水中,刺网下面有铅坠,沉入水底,上面有浮子漂在水面上,可将黄河口大闸蟹缠绕,只需拉出刺网拾出黄河口大闸蟹即可,此法捕的成蟹规格较大。

3. 流水捕捉

在水位落差形成的水流处设置好拦网捕捉黄河口大闸蟹。

第三节 黄河口大闸蟹常见病防治措施

黄河口大闸蟹生活在水中,患病不易被发现,一旦发生病害很难控制。因此,摸清大闸蟹的发病特点,对一些可能发生的疾病做好预防措施,是大闸蟹养殖过程中的重要环节。

一、寄生虫性疾病

纤毛虫病病原及病因:由累枝虫、聚缩虫、钟形虫及斜管虫等侵袭所致。黄河口大闸蟹放养密度较大、水质较差、有机物含量较高等也会引起该病。

症状:病蟹甲壳污物较多,显棕色或黄绿色绒毛状物,手摸有滑腻感。行动迟缓,食欲下降或拒食,无力蜕壳而死亡,死后腹部有块状黏液。镜检体表、附肢等部位可见病原体。卵至成蟹均可感染,但对幼蟹的危害较大。

防止措施:适宜的放养密度,保持水质清新,适当增加水草量,用生石灰 10～15 mg/kg 全池泼洒,用硫酸锌 0.3 g/m³ 全池泼洒。

二、细菌性疾病

(一)褐斑病

病原及病因:主要由副溶血弧菌、柱状纤维黏细菌、嗜水气单胞菌、鳗弧菌等多种能分解几丁质的细菌感染所致。在水环境中某种化学物质的作用,致使代谢紊乱或重金属离子偏高等综合因素所引起。

症状:病蟹附肢有点状或斑块状溃疡,指节尖端破损腐烂,病灶边缘发黑,甲壳显棕色、红棕色(铁锈色)点、块状病灶,其中心下的肌肉溃疡,边缘变黑色。该病主要危害成蟹养殖阶段。

防治措施:经常换注新水,保持水质良好;用漂白粉 1 mg/kg 全池泼洒,生石灰 10~15 mg/kg 全池泼洒;土霉素 0.1~0.2 g/kg 蟹体重,拌饲料连喂 5~7 天。

(二)水肿病

病原及病因:由嗜水气单胞菌感染引起,常因蟹体受伤病原菌入侵而发病。

主要症状:病蟹腹部腹脐和背甲下方肿大,呈半透明状,附肢关节处亦常发生水肿,有时肌肉也积水,肛门红肿。匐于池边,食量减少或拒食,在池边浅水处死亡。高温季节大蟹种及成蟹易发此病。

防止措施:在操作过程中,小心谨慎,避免解体受伤;用漂白粉 1 mg/kg 全池泼洒;用土霉素 0.1~0.2 g/kg 蟹体重,拌饲料连喂 7 天。

(三)烂肢病

病原及病因:由弧菌类的细菌感染引起,主要由于运输、放养等过程中机械操作或敌害侵袭后病原入侵所致。

主要症状:病蟹腹部附肢腐烂,肛门红肿,病原入侵体内器官,肝脏明显增大,食欲下降或拒食,无法蜕壳而致死。

防治措施:操作时小心轻快,避免蟹体受伤;杀灭寄生虫并消毒池水;用生石灰 10~15 mg/kg 全池泼洒;用土霉素 0.1~0.2 g/kg 蟹体重,拌饲料连喂 7 天。

(四)黑鳃病

病原及病因:由副溶血弧菌、嗜水气单胞菌及柱状纤维黏细菌等感染引起。

主要症状:发病初期,病蟹鳃丝呈灰白色或灰黑色,严重时全部显黑色,鳃丝残缺肿胀,呼吸困难,反应迟钝,食欲下降或不食而亡。在高温季节成蟹养殖阶段较易发生。

防治措施:保持池水清新,经常换注新水,并适当增加水草量或混养部分鲢、鳙鱼。用漂白粉 1 mg/kg 或用强氯精 0.2~0.4 mg/kg,或用其他消毒剂如二氧化氯、二氯海因全池泼洒;或用生石灰 10~15 mg/kg 全池泼洒,每周一次,连用 2~3 天。

三、真菌性疾病

水霉病病原及病因:由水霉菌和绵霉菌引起。在运输放养等操作过程中受机械损伤,或其他病害破坏体表,霉菌入侵引起。

主要症状:病蟹体表附肢等部位,呈灰白色旧棉絮状菌丝,严重者伤口溃疡,病蟹呆滞、减食或拒食,体弱无力蜕壳而死亡。在水温20 ℃左右时易发生。

防治措施:运输放养等操作要小心轻快,避免蟹体受伤;彻底清塘,经常换注新水,使用消毒剂、生石灰消毒池水和调节水质;用亚甲基蓝2~3 mg/kg泼洒;或用食盐、小苏打合剂,各0.04%浓度,全池泼洒等。

四、病毒性疾病

颤抖病病原及病因:黄河口大闸蟹颤抖病又名黄河口大闸蟹抖抖病、环爪病,主要是由小核糖核酸病毒感染引起。

主要症状:黄河口大闸蟹反应迟钝,螯足的握持力减弱,吃食减少,甚至不吃食,腮排列不整齐,呈浅棕色,少数甚至呈黑色。血淋巴液稀薄,凝固缓慢或不凝固,最典型的症状是足中颤抖,环爪、爪尖着地,腹部离开地面,甚至倒立。这是由于神经受病毒侵袭,神经元、神经胶质细胞及神经纤维发生变性、坏死以致解体的结果。在疾病后期常继发嗜水气单胞菌及拟态弧菌感染,使病情更加恶化,肝胰腺变性、坏死呈淡黄色,最后呈灰白色,背甲内有大量腹水,步足的肌肉萎缩水肿,病蟹因神经紊乱、呼吸困难、心力衰竭而死。黄河口大闸蟹颤抖病在4~10月均有发生,尤以7~8月为甚,从3 g的蟹种到300 g成蟹均可患病,尤以75~150 g之间的蟹最易感染。发病后死亡率极高,一般在70%以上,是当前危害黄河口大闸蟹最严重的一种疾病。目前针对颤抖病的现有治疗方法都不理想,因此做好此种疾病的预防工作最为重要。

预防措施:一是给黄河口大闸蟹营造良好的生态环境。这是做好预防工作的首要条件。首先,清除塘底过多淤泥,并进行消毒,因为淤泥中不仅有大量病原,还是病原贮存、滋生的地方;其次,淤泥中含有有机物,有机物进行厌氧分解,就会产生大量硫化氢、亚硝酸盐和氨氮等有毒物质。黄河口大闸蟹长期生活在此种环境下,即使不会由于中毒而死亡,也会因为受到胁迫后抵抗力下降,容易感染各种疾病。

二是养蟹先养草,水草不仅可以给黄河口大闸蟹提供隐蔽场所顺利蜕壳,还可以作为黄河口大闸蟹的饲料,为黄河口大闸蟹提供维生素、矿物质等营养物质来源,而这些物质对于增强黄河口大闸蟹的抵抗胁迫能力效果颇佳。水草还可吸收水中以及泥中的肥料,减轻富营养化,使水质清新;在盛夏,水草还可以起到遮阴、降温的作用。

三是定期泼洒生石灰(6～20 mg/kg),必要时泼洒光合细菌(塑料桶 25 kg装,109 活菌/mL)、水质改良剂(明矾,实际主要成分为沸石粉,含活性铝、氧化钙、氧化镁、氧化钾等,俗称麦饭石,能中和水中酸度,调节水的 pH,控制水质稳定,增加溶氧,当虾蟹池发出腥味时使用)以及底质改良剂等,改善水质和底质。

四是可混养少量花白鲢以清除过多的浮游动物,套养黄条摄食残饵。

五是投喂营养全面均衡的饲料确保黄河口大闸蟹体质健壮,提高黄河口大闸蟹自身的抗病力。

六是疾病流行季节定期采用水体消毒和预防性药饵投喂的措施,外泼消毒剂一般每月 1～2 次,首选含氯消毒剂,如二氯异氰尿酸钠(优氯净,含有效氯60％～64％,0.3～0.6 mg/kg 全池泼洒,每天 1 次,连用 2 天)等氯胺化合物,稳定性好,可以敞口存放半年多,有效氯损失不到 10％。内服药饵可用土霉素(1 g拌 1 kg 饲料)、吗啉胍(10～20 mg/kg 蟹体重)等投饵投喂,每月 1 次,每次 3 天。或者用中药板蓝根、三黄粉(大黄：黄芪：黄连＝5：3：2)等防治。

七是不定期换水,每次换水不超过 1/3,换水时温差不超过 3 ℃。换水时最好在进水口加筛网和挂袋消毒。

五、其他病症

蜕壳障碍症(蜕壳不遂症)病原及病因:黄河口大闸蟹感染其他疾病后,体重衰弱无力蜕壳或在生长过程中缺乏某些微量元素(如钙、磷等)及维生素所致。

主要症状:病蟹头胸部与腹部间出现裂痕,但无力全部蜕出,蟹无力蜕壳或仅能蜕出部分壳,体表发黑致死。

防治措施:投喂营养丰富而均衡的饲料;适当增加水草量及换水量;用生石灰 15～20 mg/kg 全池泼洒,隔一周连用 2～3 次;或用过磷酸钙 4～8 mg/kg 泼洒,用生石灰 10～15 天后用。